智能制造类产教融合人才培养系列教材

智能制造数字孪生

机电一体化工程与虚拟调试

郑维明　编

U0182634

机械工业出版社

本书作为智能制造类产教融合人才培养系列教材，以西门子相关技术平台为支撑，详细讲述了数字孪生［或称为数字化双胞胎（Digital Twin）］在产品设计、制造以及运营大数据分析等方面的应用。

　　NX Mechatronics Concept Designer（MCD）是西门子股份公司在工业4.0大背景下开发的，是支持产品/流程全生命周期不同阶段的数字孪生解决方案中的重要环节和支撑平台。MCD基于NX强大的数字化设计平台，拓展了调试系统需要的各种数据交流协议，为虚拟产品和虚拟生产线上设备的数字化设计和调试提供一体化平台。

　　本书从认识机电一体化概念设计、基于物理特性的运动仿真基础、精通运动仿真、虚拟调试准备以及案例展示，一步步引导学生进行MCD平台的学习，逐步提高学生的MCD技能。本书深入浅出、详尽地介绍了从MCD数字化模型的建立，到虚拟调试的整个过程，每个功能有详细步骤，并提供了详实的案例，以备实际演练；通过配套的数字化教学资源包，让学生体验设备设计、调试、生产、交付等完整的设备全生命周期，以期更快地培养学生的专业技能。

　　本书可作为高等职业院校和职业本科院校机电一体化技术相关专业的教学用书，也特别适合MCD平台的初、中级用户学习，还可以作为企业人员解决数字化改造、智能化提升中的技术问题的自学用书。

　　为便于教学，本书配套有电子课件、教学视频、案例模型等教学资源包，选择本书作为教材的教师可来电（010-88379375）索取，或登录www.cmpedu.com网站，注册、免费下载。

图书在版编目（CIP）数据

智能制造数字孪生机电一体化工程与虚拟调试/郑维明编. —北京：
机械工业出版社，2020.6（2025.1重印）
　　智能制造类产教融合人才培养系列教材
　　ISBN 978-7-111-65270-0

Ⅰ.①智…　Ⅱ.①郑…　Ⅲ.①机电一体化-教材　Ⅳ.①TH-39

中国版本图书馆CIP数据核字（2020）第057739号

机械工业出版社（北京市百万庄大街22号　邮政编码100037）
策划编辑：黎　艳　责任编辑：黎　艳
责任校对：张　薇　封面设计：张　静
责任印制：李　昂
北京捷迅佳彩印刷有限公司印刷
2025年1月第1版第8次印刷
184mm×260mm·14.5印张·332千字
标准书号：ISBN 978-7-111-65270-0
定价：49.00元

电话服务　　　　　　　　　　网络服务
客服电话：010-88361066　　　机　工　官　网：www.cmpbook.com
　　　　　010-88379833　　　机　工　官　博：weibo.com/cmp1952
　　　　　010-68326294　　　金　书　网：www.golden-book.com
封底无防伪标均为盗版　　机工教育服务网：www.cmpedu.com

西门子智能制造产教融合研究项目
课题组推荐用书

编写委员会

沈亮亮　　郑维明　　石晓祥　　史桂蓉

徐居仁　　郑海涛　　李凤旭　　熊　文

编　写　说　明

为贯彻中央深改委第十四次会议精神，加快推进新一代信息技术和制造业融合发展，顺应新一轮科技革命和产业变革趋势，以智能制造为主攻方向，加快工业互联网创新发展，加快制造业生产方式和企业形态根本性变革，同时，更好提高社会服务能力，西门子智能制造产教融合课题研究项目近日启动，为各级政府及相关部门的产业决策和人才发展提供智力支持。

该项目重点研究产教融合模式下的学科专业与教学课程建设，以数字化技术为核心，为创新型产业人才培养体系的建设提供支持，面向不同培养对象和阶段的教学课程资源研究多种人才培养模式；以智能制造、工业互联网等"新职业"技能需求为导向，研究"虚实融合"的人才实训创新模式，开展机电一体化技术、机械制造与自动化、模具设计与制造、物联网应用技术等专业的学生培养；并开展数字化双胞胎、人工智能、工业互联网、5G、区块链、边缘计算等领域的人才培养服务研究。

西门子智能制造产教融合研究项目课题组组建了教材编写委员会和专家指导组，在专家和出版社编辑的指导下有计划、有步骤、保质量完成教材的编写工作。

本套教材在编写过程中，得到了所有参与西门子智能制造产教融合课题研究项目的学校领导和教师的积极参与，得到了企业专家和课程专家的全力帮助，在此一并表示感谢。

希望本套教材能为我国数字化高端产业和产业高端需要的高素质技术技能人才的培养提供有益的服务与支撑，也恳请广大教师、专家批评指正，以利进一步完善。

西门子智能制造产教融合研究项目课题组　郑维明

2020 年 8 月

前　言

数字化为全球的工业企业带来了新的机遇和更多选择，使它们能够满足客户越来越多的差异化需求，并缩短产品上市时间。数字化转型为推动创新、打造新型服务乃至建立全新的数据驱动型业务模式铺平了道路。

数字孪生［或称为数字化双胞胎（Digital Twin）］在 2017 年和 2018 年连续两年被 Gartner Group（高德纳咨询公司）评为影响未来的十大技术之一，众多工业软件及工业自动化厂商也积极地围绕数字孪生的理念和技术体系进行战略布局。

要降低设计风险并确保其支持的产品和流程性能，企业需要在将设计用于生产之前，对其进行验证和优化。然而，很多企业只能对物理原型进行验证。这种局限性具有很大的弊端，因为物理原型会导致成本增加并造成项目前期仿真、测试和分析时间延长。此外，很多产品在实施或投入市场之前，需要经过好几轮的原型制作过程。一旦产品投入生产，很多企业都无法跟踪其运营数据，因此机器状态、能源利用率和运行状态等方面的透明度不佳。如果不了解这些情况，优化当前运行状态就会变得困难重重，并且有效进行产品迭代也会举步维艰。

数字孪生是物理产品或流程的虚拟副本，可以在将产品或流程投入生产之前进行测试设计、分析输出结果等，而这一切并不需要投资于物理原型，也不会影响生产。

西门子股份公司支持产品/流程全生命周期不同阶段使用的三种数字化双胞胎：

（1）产品数字化双胞胎　在产品规划早期，使用数字化双胞胎来虚拟仿真并验证物理原型中的属性，这样有助于了解产品在不同情况下的运行状态，同时缩短开发时间，改进产品质量并加快迭代。

（2）生产数字化双胞胎　生产数字化双胞胎也可以在项目早期实施。但是，它并不仅要验证某个单独项目，而且要验证从资产到工厂控制器等生产的各个方面。企业因此可以找到生产线出错或故障的来源，而不会对车间其他方面产生不良影响。

（3）性能数字化双胞胎　一旦产品投入生产，就会从使用性能数字化双胞胎的每个资产上和整个工厂收集实时数据。这样企业在优化产品和进行工厂运营决策时可以有据可循，并且将数据反馈给产品和生产数字化双胞胎进行后期迭代优化（图1）。

按照数字化双胞胎在产品全生命周期应用阶段的不同（图2），可以将其分为数字化双胞胎原型和数字化双胞胎实例，数字化双胞胎原型产生于真实产品存在之前，数字化双胞胎实例产生于真实产品存在之后。因此，在产品全生命周期的前期阶段（例如产品设计、工艺规划、生产工程等），数字化双胞胎主要以原型的方式存在；在产品全生命周期的后期阶段（例如制造执行、运营服务等），数字化双胞胎主要以实例的方式存在。

在研发阶段，可以通过数字化双胞胎来降低研发成本，缩短研发周期，优化产品设计；在运营阶段，可以通过数字化双胞胎来改善运营，并实现全价值链的闭环反馈和持续改进。

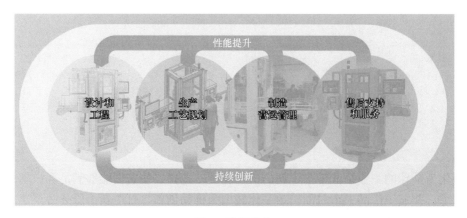

图 1　迭代优化

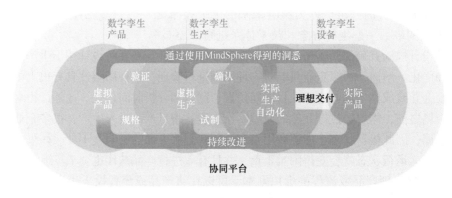

图 2　产品全生命周期中的数字化双胞胎

数字化双胞胎对于工业 4.0 时代制造业的数字化转型起着至关重要的作用，其应用和发展将与以下四个方面的数字化转型需求相结合。

1）大规模个性化定制。在工业 4.0 时代，企业需要为客户提供个性化定制和设计，并且为客户提供全生命周期的最佳体验和服务。数字化双胞胎可以在虚拟的空间中验证更加复杂多样的个性化产品和体验，并在运营过程中通过互联的数字化双胞胎持续优化运营服务和客户体验，实现大规模个性化定制。

2）产品越来越智能化。芯片技术和嵌入式系统的发展使所有的产品趋于智能化，这就要求数字化双胞胎具备机械、电子、软件系统的集成建模和仿真能力。

3）先进机器人、增材制造等制造技术的发展将颠覆传统的规模经济和制造模式。这就要求数字化双胞胎必须可以对这些新的制造工艺和设备进行建模和仿真。

4）制造业向服务转型。通过智能化的产品和物联网的应用，企业可以在产品使用的过程中采集数据并进行分析，从而实现对消费行为和产品质量的洞察，并支持新的基于结果的价值分享模式。这就要求数字化双胞胎必须与云计算、边缘计算、物联网、大数据分析、人工智能等技术充分结合。

随着传统的建模仿真技术与物联网、大数据和人工智能技术的进一步融合，数字化双胞胎将得到越来越广泛的应用，成为智能制造和智慧社会的核心技术。

　　西门子股份公司不仅是工业 4.0 的倡导者，更是工业领域实践的排头兵，它具备了数字化企业所必需的多学科专业领域最广泛的工业软件和行业知识，是企业数字化转型的最佳合作伙伴。本书作为智能制造类产教融合人才培养系列教材，以西门子相关技术平台为支撑，详细讲述了数字孪生［或称为数字化双胞胎（Digital Twin）］在产品设计、制造以及运营大数据分析等方面的应用。

　　由于编者水平有限，书中不妥之处在所难免，恳请读者批评指正。

编　者

二维码索引

（续）

（续）

目　　录

第 **1** 章

认识机电一体化概念设计

【内容提要】

　　机电一体化概念设计（以下简称机电概念设计）是一种全新的解决方案，适用于机电一体化产品的设计与调试。本章简要介绍机电一体化设计，详细介绍了机电概念设计环境、命令基本布局、首选项设置和使用仿真命令进行仿真。

【本章目标】

　　在本章中，将学习：
　　1）进入机电概念设计环境。
　　2）机电概念设计的工作界面。
　　3）机电概念设计的客户默认设置。
　　4）机电概念设计首选项设置。
　　5）运行机电概念设计仿真。

1.1　概述

　　机电概念设计（Mechatronics Concept Designer，MCD）是一种全新的解决方案，适用于机电一体化产品的设计与调试。MCD 基于 Siemens NX 平台，因此可以提供 CAD 设计需要的所有机械设计功能。借助该软件，可对包含多物理场所以及与机电一体化产品中的自动化相关行为的概念进行 3D 建模和仿真。MCD 支持功能设计方法，可集成上游和下游工程领域，包括需求管理、机械设计、电气设计以及软件自动化工程；MCD 可加快机械、电气和软件设计学科产品的开发速度，使这些学科能够协同工作，专注于机械部件、传感器、驱动器和运动的概念设计；MCD 可实现创新性的设计技术，满足对机械设计人员能力日益提高的要求，并且不断提高产品的生产率、缩短设计周期、降低成本。

　　MCD 作为机电一体化的多学科并行虚拟调试平台，打破传统的机械、电气、自动化的串行设计，将机械、电气、自动化包括软件等多个学科集成在同一平台，通过统一的数字化模型解决了多学科之间的协同问题，消除了电气、机械和自动化工程师之间的障碍。如图 1-1

所示，在该技术的支撑下实现产品及自动化设备的开发、制造工艺的规划，能节省大量的时间，大幅减少制造样机和产品测试产生的成本。

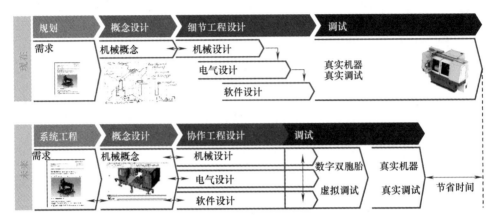

图 1-1　并行设计缩短交付时间

1.2　机电概念设计的启动

MCD 基于 Siemens NX 平台，进入 MCD 需要首先启动 Siemens NX，有以下几种方式启动。

1）双击桌面 Siemens NX 快捷键图标，即可启动 Siemens NX。

2）单击桌面左下方的"开始"按钮，在应用程序中找到 Siemens NX→NX，即启动 Siemens NX。

3）单击桌面左下方的"开始"按钮，在应用程序中找到 Siemens NX→Siemens Mechatronics Concept Designer，启动 Siemens NX（MCD package）。

4）直接在 NX 安装目录的 NXBIN 子目录下双击 ugraf. exe 图标，启动 Siemens NX。Siemens NX 中文版的启动界面如图 1-2 所示。

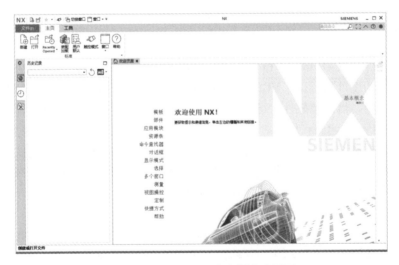

图 1-2　Siemens NX 中文版启动界面

1.3　进入 MCD 环境

在打开的 Siemens NX 窗口中，进入 MCD 环境有以下两种方式。

1）通过机电概念设计模板进入：在"主页"功能区单击"新建"命令，如图 1-3 所示，选择"机电概念设计"选项卡→"常规设置"模板或"空白"模板，如图 1-4 所示，再单击"确定"按钮，进入 MCD 环境。

图 1-3　创建一个新的文件　　　　　　图 1-4　新建模型界面

2）切换应用模块进入机电概念设计：在当前模块，例如"建模"模块，选择"应用模块"→单击"更多"选项→选择"机电概念设计"模块，进入 MCD 环境，如图 1-5 所示。

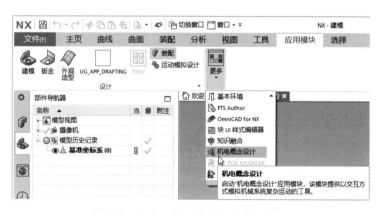

图 1-5　切换应用模块到机电概念设计

1.4　机电概念设计的工作界面

1.4.1　概述

本节主要介绍机电概念设计应用模块的工作界面及其组成部分，了解各部分的位置和功能之后才能有效地进行设计工作。在"主页"功能区，单击"新建"→"机电概念设计"→"确定"按钮，进入图 1-6 所示工作界面，其中包括"快速访问工具条""功能区""资源条""图形窗口""左、右和下边框条""提示行/状态行"和"选项卡区域"。

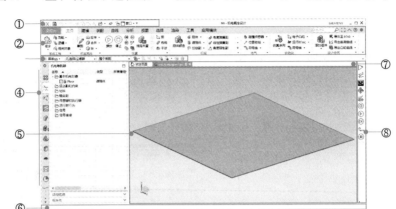

图 1-6 NX 工作界面

NX 工作界面主要组件的名称和说明见表 1-1。

表 1-1 NX 工作界面主要组件的名称和说明

编号	组　　件	说　　明
①	快速访问工具条	包含常用命令，如保存和撤消
②	功能区	将每个应用程序中的命令组织为选项卡和组
③	顶部边框栏	包含菜单、选择组、视图组和实用工具组命令
④	资源条	包含导航器和资源板，包括部件导航器和角色选项卡
⑤	图形窗口	建模、可视化并分析模型
⑥	提示行/状态行	提示下一个动作并显示消息
⑦	选项卡区域	显示在选项卡或窗口中打开部件文件的名称
⑧	左、右和下边框条	显示添加的命令

1.4.2　功能区

功能区包含了本软件的主要功能，系统的所有命令或者设置选项都归属于不同的功能区。进入不同的应用模块，功能区的陈列方式也会发生改变。在机电概念设计应用模块中，首先看到的是主页功能区，如图 1-7 所示，自左至右分别是"系统工程""机械概念""仿真""机械""电气""自动化"与"设计协同"等分组工具栏；在建模功能区陈列了建模的相关主功能；其余功能区则包含了其他高级的建模功能。

图 1-7 机电概念设计主页功能区

在功能区命令以"图标 + 文字"的形式按照不同的功能进行分类，安排在不同的组中，如图 1-7 所示。在各个组中，命令又按照关联性或相似性进行细分，安排在不同的下拉菜单中，使用命令时，先根据命令的功能找到分组，再通过单击下拉菜单的下拉箭头展开下拉列表，选择指定的命令。例如"刚体"可以在"体下拉菜单"中找到，如图 1-8 所示。

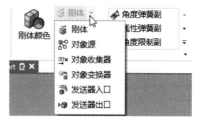

图 1-8 体下拉菜单

1.4.3 资源条

资源条（图 1-9）中包括"系统导航器""机电导航器""运行时察看器""运行时表达式""序列编辑器""装配导航器""部件导航器"等按钮。其中属于机电概念设计的导航器名称和功能描述见表 1-2。

表 1-2 机电概念设计导航器名称和功能描述

图 标	导 航 器	功 能 描 述
	系统导航器	使用系统导航器管理产品的需求、功能模型和逻辑模型，并将任何更改传达给项目上的其他团队
	机电导航器	管理机电概念设计创建的物理对象，例如：刚体、碰撞体、运动副、耦合副、传感器、执行器、信号、信号连接等
	运行时察看器	使用运行时察看器来监视所选对象的运行时参数，并管理仿真数据
P1= P2=	运行时表达式	创建和管理当前工作部件中的运行时表达式
	序列编辑器	序列编辑器是一个类似甘特图的导航器，用于显示和管理当前模型中的操作和仿真序列

图 1-9 资源条

1. 系统导航器

机电概念设计工作流程从系统工程模型开始，这些模型通常在 Teamcenter（西门子股份公司提供的贯穿产品全生命周期 PLM 解决方案）中创建，并导入到机电概念设计应用（NX MCD）中，以便在产品设计过程中使用。系统工程模型包括需求（Requirement）定义与分解、功能（Function）定义与分解、逻辑（Logical）定义与分解。模型中的数据通过建立链接来表达逻辑、功能与需求之间的关系。逻辑模型会与机械模型（Geometry）、电气模型（ECAD）、控制模型（Automation）关联，这样多个不同角色的用户可以在不影响系统完整性的情况下进行系统并行开发，如图 1-10 所示。

2. 机电导航器

在机电概念设计中创建的对象都添加到机电导航器中，在机电导航器中机电对象被分在不同的文件夹中，例如，刚体放在基本机电对象文件夹，如图 1-11 所示。

通过机电导航器，可以实现以下功能：

1）显示和管理当前模型中存在的机电对象。

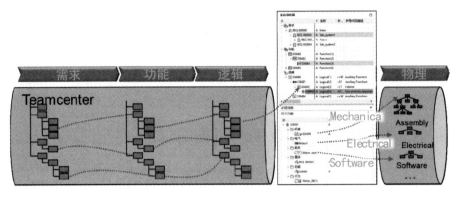

图 1-10　系统工程关系图

2）根据名字或者类型排序。

3）对选中的对象进行操作：如高亮、编辑、删除等。

4）通过 Container，用户自定义文件夹组织机电概念设计模型。

5）显示机电对象所属的部件。

6）快速创建机电对象，如图 1-12 所示。

图 1-11　机电导航器

图 1-12　快速创建机电对象便捷菜单

3. 运行时察看器

将机电对象添加到运行时察看器中，在仿真的过程中，利用运行时察看器监测所选对象的运行时参数，管理记录仿真数据，如图 1-13 所示。可以在仿真开始之前或者仿真过程中从机电导航器中选择要监视的机电对象，可以实现以下功能。

1）监测对象参数值的变化。

2）修改对象参数值。

3）对整型和双精度型数值进行画图、导出和录制操作。

4）恢复快照。

使用机电概念设计首选项中的"每 n 步采样"参数可以控制运行时察看器的刷新频率。通过"每 n 步采样"参数来指定仿真期间对运行时参数数据进行采样，并将其缓存在内存

中的仿真步数中。使用缓存的数据可完成：在运行时
检查器中刷新运行时参数数值；仿真后绘制图形并将
数据输出到电子表格。

4. 运行时表达式

在机电概念设计环境中，进入"主页"→"机械"
工具栏，在工具栏中单击"运行时表达式"按钮，创
建运行时表达式。运行时表达式命令用于创建仿真过程
中定义某些特征的算术或者条件公式，如图 1-14 所示。

运行时表达式一般完成以下功能。

1）在仿真过程中为两个运行时参数建立数学关
系，例如：将轴 1 旋转速度扩大两倍赋值给轴 2。

2）在仿真过程中建立的数学函数运算，例如：
取最大值，取最小值。

3）建立条件语句赋值。

图 1-13 运行时察看器

图 1-14 运行时表达式

5. 仿真序列编辑器

在机电概念设计环境中，进入"主页"→"自动化"工具栏中，单击"仿真序列"按钮
创建仿真序列。仿真序列用于对机电对象的运动逻辑关系进行控制。在 MCD 定义的仿真对
象中，每个对象都有一个或者多个参数，在仿真的过程中，这些参数通过创建仿真序列在指
定的时间点修改数值。通常使用仿真序列编辑器控制一个执行机构（如修改速度控制的速
度，修改位置控制的目标值），还可以控制运动副（如修改滑动副的连接件），如图 1-15 所
示。此外，仿真序列还可以创建条件语句来确定何时去改变参数。

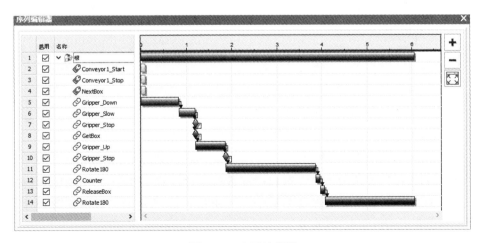

图 1-15 序列编辑器

仿真序列一般具有以下功能。

1）基于时间改变 MCD 对象在仿真过程中的参数值。

2）在指定的条件下改变 MCD 对象在仿真过程中的参数值。

3）在指定的时间点暂停仿真。

4）在指定的条件下暂停仿真。

5）执行简单的数学运算，如"＋＝、－＝、＊＝"。

1.4.4　客户默认设置

在机电概念设计中，操作参数一般都可以修改，如重力加速度、材料参数、阻尼、运行时参数等都有其默认值。这些参数的默认值都保存在"默认参数设置"文件中。当启动机电概念设计时，会自动调用"默认参数设置"文件中的默认参数。在机电概念设计中，允许用户根据设计要求修改该文件，即自定义参数的默认值。

单击"文件"→"实用工具"→"用户默认设置"命令，打开图 1-16 所示的"用户默认设置"对话框。在该对话框中可以设置参数的默认值。需要注意，在用户默认设置中修改参数的默认值不会立即生效，修改后需要重启 NX，以应用修改后的默认值。

图 1-16　用户默认设置对话框

1.4.5　机电概念设计首选项

使用机电概念设计首选项设置，可以改变默认参数设置，并保存到工作部件中。单击"文件"→"首选项"→"机电概念设计"命令，打开图 1-17 所示的"机电概念设计首选项"对话框。"机电概念设计首选项-常规"页各项参数说明见表 1-3。

表 1-3　常规页各项参数说明

参　数	描　述
Gx	此选项指定工作部件中，绝对坐标系统下的重力加速度 x 分量
Gy	此选项指定工作部件中，绝对坐标系统下的重力加速度 y 分量
Gz	此选项指定工作部件中，绝对坐标系统下的重力加速度 z 分量
动摩擦	此选项指定默认材料的动摩擦系数。动摩擦是物体沿某一表面移动时阻碍运动的力
静摩擦	此选项指定默认材料的静摩擦系数。静摩擦是阻碍两个处于初始静止状态的对象之间有相对移动趋势的力，通常静摩擦要大于动摩擦或者滚动摩擦
滚动摩擦	此选项指定默认材料的滚动摩擦系数。滚动摩擦是物体沿某一表面滚动时阻碍运动的力
恢复	此选项指定默认材料的恢复系数。恢复系数用来度量碰撞冲量所消耗的动能。该值的设置范围是 [0，1]，其中 0 为完全塑性碰撞，1 为完全弹性碰撞。恢复系数乘以对象的速度可以确定对象的反向移动有多快
线性阻尼	此选项指定默认刚体运动的线性阻尼。线性阻尼用来度量刚体在线性运动过程中耗减运动的幅度
角度阻尼	此选项指定默认刚体运动的角度阻尼。角度阻尼用来度量刚体在旋转运动过程中耗减运动的幅度
碰撞时高亮显示形状	此选项指定碰撞体发生碰撞时是否允许高亮显示形状。勾选表示允许碰撞时高亮显示形状，不勾选表示碰撞时不高亮显示形状
最大限制	此选项指定运动副中连接件和基本件的最大质量比限值。当质量比（较大质量除以较小质量的值）大于该限制值时会显示警告消息。太大的质量比有可能会引起系统的不稳定

打开图 1-18 所示的"机电概念设计首选项-机电引擎"页。其各项参数说明见表 1-4。其他各页选项说明分别见表 1-5 ~ 表 1-7。

图 1-17　机电概念设计首选项对话框

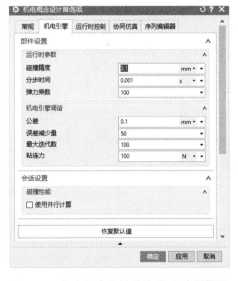

图 1-18　机电概念设计首选项-机电引擎页

表 1-4　机电引擎页各项参数说明

组　件	描　述
碰撞精度	此选项指定碰撞检测精度。当碰撞体之间的最大距离小于碰撞精度时，则认为发生了碰撞；反之，当碰撞体之间的最大距离大于碰撞精度时，则认为没有发生碰撞
分步时间	此选项指定单步计算的时间增量。在每个时间增量内执行一次物理计算。增大分步时间设置会增加仿真性能，但是会降低仿真精度
弹力乘数	此选项指定在仿真模式下拖动对象时所施加的弹力
公差	此选项指定物理引擎允许运动副和约束之间的最大误差量。该数值越大，求解速度越快；但运动误差越大，运行时参数数值波动越明显
误差减小量	此选项指定物理引擎减少误差的乘法因子。较大的数值使得物理引擎用更少的步来消除误差波动，但是过高的数值会导致仿真不稳定
最大迭代数	此选项指定物理引擎在给定的单步时间内尝试求解的最大迭代数。物理引擎在通过多次迭代计算运动副的位置，使得各运动副位置误差都在公差范围内。较大的迭代数使得运动更精确，但引擎需要更长的时间进行求解
粘连力	此选项指定施加到一对相互接触的、具有粘连属性刚体上的力的大小。例如可以通过指定此力实现瓶盖和瓶子的粘合
使用并行计算	勾选该选项，启动物理引擎并行计算，提高仿真效率；不勾选该选项，则不开启并行计算

表 1-5　运行时控制页各项参数说明

组　件	描　述
要仿真的部件	在多个显示部件模式下，指定要仿真的部件 ① 活动的显示部件：可以只在活动（active）的显示部件仿真 ② 所有显示部件：在所有显示部件（多个装配）进行仿真
每 n 步采样	此选项指定察看器在仿真期间的采样间隔
默认缩放因子	此选项指定仿真时间标度的默认缩放因子。该值的默认设置范围是［0.1，10］，其中 0.1 为最小的缩放因子，10 为最大的缩放因子。单步运行时间是默认缩放因子乘以分步时间，大于 1 将加快仿真
简化几何体以提高显示性能	勾选该选项，则在仿真开始时尝试简化几何体，该过程可能需要几分钟或更长时间，视模型的复杂程度而定。需要注意，简化几何体的显示特性，例如颜色、透明度等，可能会发生变化
忽略运行时警告	勾选该选项，忽略运行时的警告
运行出错时暂停	勾选该选项，在仿真过程中出现错误时，暂停仿真
外部数据算法	勾选位置控制中的"源自外部的数据"选项，并通过信号输入位置值时，有两种方式计算速度 ① 通过外部位置和当前位置的差值计算速度 ② 通过相隔外部位置的差值计算速度 第一种方式，跟随外部的位置，位置误差小，但是速度波动明显；第二种方式，跟随外部的速度，速度误差小，但是位置误差会累积

表 1-6　协同仿真页各项参数说明

组　　件	描　　述
启用 SIMIT 控制服务	勾选该选项，允许配置 SIMIT 控制系统服务地址和主从关系
SIMIT 控制系统	配置 SIMIT 控制系统服务地址
主	确定主从关系
启动时间同步	MCD 为主站时，允许启用该选项，用来允许 MCD 和 SIMIT 之间时间同步，并设置同步时间

表 1-7　序列编辑器页各项参数说明

组　　件	描　　述
自动禁用仿真序列	某些仿真序列引用了已创建信号并已与外部信号映射运行时参数。勾选该选项，仿真开始时自动禁用这些仿真序列，这样，系统由外部信号控制；不勾选该选项，则仿真开始时不自动禁用这些仿真序列，双重控制有可能引起冲突
导出后调用时序图	勾选该选项，仿真结束时自动打开导出的时序图文件
导出的文件	指定导出的时序图文件位置
使用用户定义刷新间隔	勾选该选项，在仿真期间使用用户定义的刷新间隔重画序列编辑器；不勾选该选项，则在仿真期间使用 NX 的刷新间隔重画序列编辑器。刷新序列编辑器有时会影响仿真时效性，可以定义比较低的刷新率，使仿真时效性更好

以下首选项参数设置可以保存到工作部件中，在下次打开模型时自动应用到仿真环境中：重力加速度、材料参数、阻尼和碰撞时高亮显示设置；运行时参数、机电引擎调谐；自动禁用仿真序列设置。

首选项各项参数需要合理设置，不能只考虑为了增加仿真精度而忽略仿真性能，或者提高仿真性能而忽略仿真精度。需要找到一个平衡点，在仿真精度允许的范围内最大限度地提供仿真性能。例如，碰撞精度设置时增大碰撞精度参数，会增加仿真性能，但是会降低仿真精度；当默认参数为 0.1mm，在 mm 为最小单位的案例中适当增大碰撞精度（如 1mm），仿真精度不会发生明显变化，但仿真性能能会小幅提升。

通过客户默认设置用于全局设置首选项。"机电概念设计首选项"对话框中设置的首选项参数存储在工作部件中并会覆盖客户默认设置，可以单击对话框中"恢复默认值"按钮，读取客户默认设置参数值应用于首选项中。需要注意，不同于用户默认设置，机电概念设计首选项中修改的参数在当前工作部件中立即生效，重启 NX 后失效。

1.4.6　运行机电概念设计仿真

本节主要介绍运行机电概念设计仿真的一些常用命令，了解运行机电概念设计仿真的常用命令之后才能有效地进行后续命令的学习。在"主页"功能区找到"仿真"工具栏，如图 1-19 所示。

"仿真"工具栏各命令功能描述见表 1-8。

图 1-19　仿真工具栏

表 1-8　仿真工具栏各命令功能描述

图　标	命　令	功　能　描　述
▷	播放	单击"播放"按钮,启动模拟,MCD 切换到运行时模式,大多数命令和用户界面交互在运行时模式下是禁用的
□	停止	单击"停止"按钮停止模拟,退出运行时模式并返回编辑模式
◁◁	重新开始	单击"重新开始"按钮重新启动模拟
‖	暂停	单击"暂停"按钮暂停模拟,此时 MCD 仍处于运行时模式
⏱▷	时间标度	单击"时间标度"按钮以慢动作播放模拟或加速模拟
▷‖	前进一步	单击"前进一步"按钮以增量方式播放模拟
▶□	将仿真移至下一操作	单击"将仿真移至下一操作"按钮只在下一次操作期间播放模拟
📷	快照	单击"快照"按钮保存模拟的运行时状态。通过运行时察看器中的快照页来管理和显示保存的快照和时间

1. 动手操作——熟悉仿真控制命令 1

(1) 源文件　\chapter1_1_part_1_1_0_Block_on_Curve_ok. prt。

(2) 目标　熟悉打开模型,进入机电概念设计环境,使用运行时察看器,运行机电概念设计仿真,运行时交互式操作等。

(3) 操作步骤

1) 打开部件 "_1_1_0_Block_on_Curve_ok. prt",如图 1-20 所示。

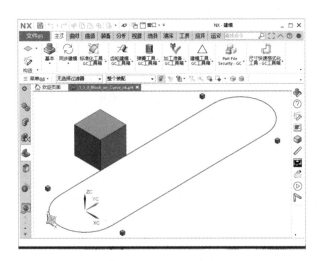

熟悉仿真控制命令 1　　　　　　　图 1-20　部件 "_1_1_0_Block_on_Curve_ok"

2）选择"应用模块"功能区，单击"更多"→"机电概念设计"命令，进入机电概念设计模块。

3）在左侧资源条中选择"机电导航器"，在展开的"机电导航器"中找到刚体"RigidBody（1）"和速度控制"SpeedControl（1）"，单击鼠标右键（下面简称右击），在弹出的右键菜单中选择"添加到察看器"，如图 1-21 所示，添加对象到察看器。

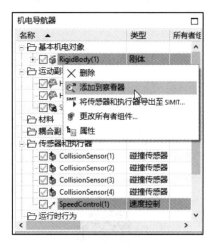

图 1-21　添加对象到察看器

4）在"主页"功能区，单击"仿真"工具栏→"播放" ▷ 按钮，启动仿真。

5）在运行时察看器中观察值的变化。

6）在运行时察看器中自由显示隐藏变量。

7）选中某一参数，例如"活动的"，右击选择"隐藏"命令，如图 1-22 所示，隐藏运行时参数。

8）选择对象根节点，右击选择"显示所有参数"，如图 1-23 所示，显示所有运行时参数。

图 1-22　隐藏运行时参数

图 1-23　显示所有运行时参数

9）在"主页"功能区，单击"仿真"工具栏→"停止" □ 按钮，运动仿真停止，模型复位。

10）在"主页"功能区，单击"仿真"工具栏→"重新开始" ⏮ 按钮，观察"重新开始"仿真命令行为。

11）在"主页"功能区，单击"仿真"工具栏→"暂停" ⏸ 按钮，观察"暂停"仿真命令行为。

12）在"主页"功能区，单击"仿真"工具栏→"时间标度" 按钮，观察"时间标度"仿真命令行为。

13）在"主页"功能区，单击"仿真"工具栏→"前进一步" ▷| 按钮，观察"前进一步"仿真命令行为。

2. 动手操作——熟悉仿真控制命令 2

（1）源文件　\chapter1_1_part_1_1_1_Operation_ok. prt。

（2）目标　熟悉运行机电概念设计仿真命令，将仿真移至下一操作。

（3） 操作步骤

1）打开部件"_1_1_1_Operation_ok. prt"，如图1-24所示。

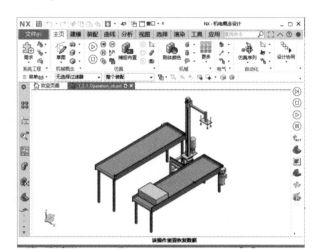

熟悉仿真控制命令2

图1-24　部件"_1_1_1_Operation_ok"

2）在"主页"功能区，单击"仿真"工具栏→"将仿真移至下一操作" 按钮，观察"将仿真移至下一操作"仿真命令行为。

第 2 章

基于物理特性的运动仿真基础

【内容提要】

　　本章是对 MCD 的简介,包括机电一体化概念设计（Mechatronics Concept Designer）,它是一种全新的解决方案,适用于机电一体化产品的概念设计。MCD 基于 Siemens NX 平台,因此可以提供高级 CAD 设计需要的所有机械设计功能。

　　本章介绍 MCD 运动仿真的基础内容,MCD 的运动仿真是要考虑系统物理属性的,系统中对象的质量、质心、惯性矩等都会影响系统的运动行为,主从对象的质量比、速度比太大可能会影响系统的稳定性。本章主要介绍了常用的运动对象和约束,例如刚体、碰撞体、传输带、运动副、耦合副、传感器和执行器。

【本章目标】

　　在本章中,将学习:

　　1）常用基本机电对象,包括刚体、碰撞体、传输面、对象源、对象收集器、防止碰撞、碰撞材料和更改材料属性。

　　2）常用运动副,包括铰链副、滑动副、柱面副、球副和固定副。

　　3）常用驱动对象,包括速度控制和位置控制。

　　4）常用耦合副,包括齿轮副、齿轮齿条副、运动曲线和机械凸轮。

　　5）常用传感器,包括碰撞传感器、距离传感器、位置传感器、速度传感器和加速度传感器。

　　6）常用仿真过程控制对象,包括仿真序列和运行时表达式。

　　7）常用仿真结果输出方式,包括仿真数据导出和轨迹生成器。

2.1　基本对象

2.1.1　刚体

　　在机电概念设计环境中,进入"主页"功能区→"机械"工具栏中单击"刚体"按钮,可以创建刚体对象。刚体组件使几何对象在物理系统的控制下运动，刚体可接受外力来保证几何对象如同在真实世界中那样进行运动。任何几何对象只有添加了刚体组件才能受到重力或者其他作用力的影响，例如，定义了刚体对象的几何体受重力影响会落下。如果几何体未定义刚体对象，那么这个几何体将完全静止。

刚体具有以下物理属性：质量和惯性；质心位置和方位，由所选几何对象决定；平动和转动速度；标记。

> 💡 注意：
> 一个或多个几何体上只能添加一个刚体，刚体之间不可产生交集。

1. 定义刚体

"刚体"对话框的部分说明如图 2-1 所示。

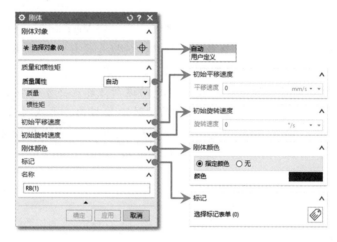

图 2-1　刚体对话框

（1）质量属性

1）"自动"选项：MCD 会根据几何信息自动计算质心、坐标系、质量和惯性矩。

2）"用户定义"选项：用户根据需要指定质心、坐标系、质量和惯性矩。

（2）初始平移速度　为刚体定义初始平移速度的大小和方向，该初速度在单击"播放"按钮时附加在刚体对象上。

（3）刚体颜色

1）指定颜色：为刚体指定颜色。

2）无：不为刚体指定颜色。

（4）初始旋转速度　为刚体定义初始旋转速度的大小和方向，该初速度在单击"播放"按钮时附加在刚体对象上。

（5）选择标记表单　为刚体指定标记属性的表单，该标记表单需要和读写设备、标记表配合使用。利用表单可以模拟一些简单的类似 RFID 的简单行为。

2. 动手操作——刚体

（1）源文件　\chapter2_1_part\SimplePhysics. prt。

（2）目标　为几何对象添加刚体，并观察刚体仿真行为。

（3）　操作步骤

1）打开部件"SimplePhysics. prt"，如图 2-2 所示。

2）选择"文件"→"所有应用模块"→"机电概念设计"命令，进入机电概念设计环境。

3）单击"文件"→"仿真"工具栏→"播放"按钮，此时模型中未添加任何物理属性，所以没有任何运动效果。

4）单击"主页"→"机械"工具栏→"刚体" 按钮，打开"刚体"对话框。

5）在图形窗口中选择需要定义刚体的对象，如图 2-3 所示，选择 Body（8）。设置质量属性为"自动"；输入名称"Box1"；然后单击"确定"按钮。

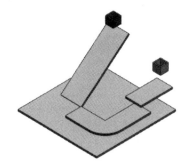

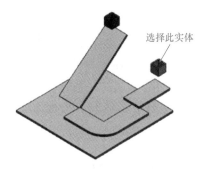

选择此实体

图 2-2　部件"SimplePhysics"　　　　图 2-3　选择 Body（8）

6）打开"机电导航器"，此时添加的刚体显示在"基本机电对象"文件夹下，如图 2-4 所示。

7）单击"文件"→"仿真"工具栏→"播放"按钮，此时添加了刚体的几何对象在重力作用下沿 Z 轴负方向落下。

8）单击"文件"→"仿真"工具栏→"停止"按钮，此时 Box1 回到了原来的位置。

图 2-4　机电导航器

2. 1. 2　碰撞体

在机电概念设计环境中，进入"主页"→"机械"工具栏中单击"碰撞体"按钮，可以创建碰撞体对象。碰撞体是物理组件的一类，两个碰撞体之间要发生相对运动才能产生碰撞，也就是至少在一个碰撞体所选的几何体上定义了刚体对象。如果两个刚体相互撞在一起，需要对两个对象都定义有碰撞体时物理引擎才会计算碰撞。在物理模拟中，没有添加碰撞体的刚体会彼此相互穿过。

机电概念设计利用简化的碰撞形状来高效计算碰撞关系。机电概念设计支持以下几种碰撞形状，计算性能从优到低顺序依次是：方块≈球≈圆柱≈胶囊>凸多面体>多个凸多面体>网格。

使用技巧：

1）碰撞体的几何精度越高，碰撞体之间就越容易发生穿透破坏，为了减少不稳定的风险（例如穿透、粘连、抖动），并最大发挥其运行性能，建议选用尽可能简单的碰撞类型，例如方块、圆柱、凸多面体等。碰撞体太薄也可能引起穿透。

2）合理利用碰撞体的类别，减少引擎的计算。碰撞体类别的作用关系定义在碰撞体类别配置文件"NX 安装目录\mechatronics\Customer_Defaults_Collision_Category.csv"中。用户也可以通过客户默认设置指定自定义的碰撞体类别配置文件。通常一个场景中有很多个几何体，利用类别将会减少计算几何体是否会发生碰撞的时间；处理复杂运动场景，避免碰撞体之间的相互干扰，避免不相干的碰撞体对传感器的干扰。

3）对于运动行为已经确认的碰撞体，可以取消勾选"碰撞时的高亮显示"，突出其他未经确认的碰撞体。

1. 定义碰撞体

"碰撞体"对话框的部分说明如图 2-5 所示。

（1）碰撞类型　碰撞体支持以下五种碰撞类型，不同类型的碰撞体具有不同的几何精度、可靠性和仿真性能，如表 2-1。创建碰撞体时，根据需要合理选择碰撞体类型。

（2）形状属性

1）"自动"选项：碰撞体会根据几何信息自动计算几何中心、坐标系和尺寸。

2）"用户定义"选项：用户根据需要指定几何中心、坐标系和尺寸。

（3）碰撞材料　为碰撞体指定碰撞材料信息。

图 2-5　碰撞体对话框

表 2-1　碰撞体类型对比表

碰撞类型	形　状	几何精度	可　靠　性	仿真性能
方块		低	高	高
球		低	高	高
圆柱		低	高	高
胶囊		低	高	高
凸多面体		中等	高	中等
多个凸多面体		中等	高	中等
网格面		高	低	低

（4）类别　设置碰撞体类别的值，以指示哪些碰撞体将相互作用。默认情况下，只有相同类型的碰撞体之间才会相互作用。通过编辑关系矩阵并将其应用到机电概念设计客户默认设置，可以定制哪些类别能相互作用。

（5）碰撞设置

1）碰撞时高亮显示：根据关系矩阵设置可以相互作用的背景下，碰撞体在发生接触的时候，碰撞体高亮。

2）碰撞时粘连：根据关系矩阵设置可以相互作用的背景下，碰撞体在发生接触的时候，碰撞体之间通过预设的粘结力粘连在一起。

2. 动手操作——碰撞体

（1）源文件　\chapter2_1_part\SimplePhysics_01. prt。

（2）目标　为几何对象添加碰撞体，并观察碰撞体仿真行为。

动手操作——
碰撞体

（3）操作步骤

1）打开部件"SimplePhysics_01. prt"。

2）选择"文件"→"所有应用模块"→"机电概念设计"命令，进入机电概念设计环境。

3）单击"主页"功能区→"机械"工具栏→"碰撞体"按钮，打开"碰撞体"对话框。

① 在图形窗口中选择需要定义碰撞体的对象，如图 2-3 所示，选择 Body（8）。

② 指定碰撞形状：方块。

③ 指定形状属性：自动。

④ 指定材料：默认材料。

⑤ 指定类别：0。

⑥ 勾选"碰撞时高亮显示"。

⑦ 输入名称"Box1"。

⑧ 单击"确定"按钮。

4）打开"机电导航器"，此时添加的碰撞体显示在"基本机电对象"文件夹中，并作为刚体 Box1 的子项，如图 2-6 所示。

5）单击"文件"→"仿真"工具栏→"播放"按钮，此时添加了刚体的几何对象在重力作用下沿 Z 轴负方向落下。

6）单击"文件"→"仿真"工具栏→"停止"按钮，此时 Box1 回到了原来的位置。

7）继续添加碰撞体，选择"主页"功能区→"机械"工具栏→"碰撞体"命令，打开"碰撞体"对话框。

① 在图形窗口中选择需要定义碰撞体的对象，如图 2-7 所示选择 Body（6）。

② 指定碰撞形状：方块。

③ 指定形状属性：自动。

图 2-6　机电导航器

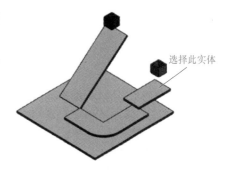

图 2-7　选择 Body（6）

④ 指定材料：默认材料。

⑤ 指定类别：0。

⑥ 勾选"碰撞时高亮显示"☑。

⑦ 输入名称"Conveyor1"。

⑧ 单击"确定"按钮。

8）打开"机电导航器"，此时添加的碰撞体显示在"基本机电对象"文件夹中，如图2-8所示。

图 2-8　机电导航器

9）单击"播放"按钮，此时添加了刚体的几何对象在重力作用下沿 Z 轴负方向落下，掉落在 Conveyor1 上并停止下落。

10）单击"停止"按钮，此时 Box1 回到了原来的位置。

2.1.3　传输面

在机电概念设计环境中，进入"主页"功能区→"机械"工具栏中单击"传输面"按钮，创建传输面对象。传输面是一种物理属性，可将所选的平面转化为"传输带"。一旦有其他物体放置在传输面上，此物体将会按照传输面指定的速度和方向运输到其他位置，如图2-9所示。

传输面的运动类型有两种：直线和圆。直线选项用于物体在传输面上做直线运动。圆选项用于物体在传输面上做圆弧运动。

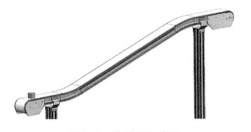

图 2-9　传输面示意图

💡 **使用技巧：**

传输面需要和碰撞体配合使用，且一一对应。

1. 定义传输面

"传输面"对话框的部分说明如图2-10所示。

运动类型选项如下。

1）"直线"选项：选择"直线"选项之后用户需要指定传输面的矢量方向、速度和初始位置。

2）"圆"选项：选择"圆"选项之后用户需要指定传输面传输圆弧的中心点、中间半径、中间速度和起始位置。

2. 动手操作——传输面

（1）源文件　\chapter2_1_part\SimplePhysics_02. prt。

（2）目标　添加传输面，观察传输面仿真行为。

（3）　操作步骤

图 2-10　传输面对话框

1）打开部件"SimplePhysics_02. prt"。

2）选择"文件"→"所有应用模块"→"机电概念设计"命令，进入机电概念设计环境。

3）单击"主页"功能区→"机械"工具栏→"传输面" 按钮，打开"传输面"对话框。

① 在图形窗口中选择需要定义传输面的对象，如图 2-11 所示选择 Body（6）的上表面。

② 指定运动类型：直线。

③ 指定矢量：－YC。

④ 指定平行速度：100mm/s。

⑤ 输入名称"Conveyor1"。

⑥ 单击"确定"按钮。

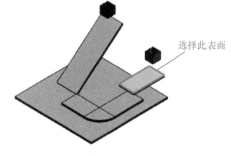

图 2-11　选择 Body（6）的上表面

4）单击"播放"按钮，观察运动效果。

5）继续为 Body（4）的表面添加传输面，打开"传输面"对话框，选择 Body（4）的右侧上表面，如图 2-12 所示。

① 指定运动类型：直线。

② 指定矢量：－YC。

③ 指定平行速度：100mm/s。

④ 输入名称"Conveyor2_1"。

⑤ 单击"确定"按钮。

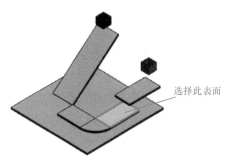

图 2-12　选择 Body（4）的右侧上表面

6）继续为 Body（4）的圆弧表面添加传输面，打开"传输面"对话框，选择 Body（4）的圆弧表面，如图 2-13 所示。

① 指定运动类型：圆。

② 指定中心点：圆弧轨道圆心，如图 2-14 所示。

③ 指定中间半径：50mm。

④ 指定平行速度：100mm/s。

⑤ 指定起始位置：0mm。

⑥ 输入名称"Conveyor2_2"。

⑦ 单击"确定"按钮。

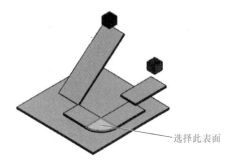

图 2-13　选择 Body（4）的圆弧表面

7）继续为 Body（4）添加传输面，打开"传输面"对话框，选择 Body（4）的左侧上表面，如图 2-15 所示。

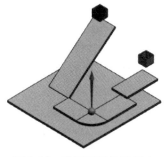

图 2-14　选择圆弧轨道圆心

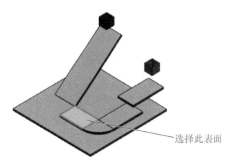

图 2-15　选择 Body（4）的左侧上表面

① 指定运动类型：直线。

② 指定矢量：$-XC$。

③ 指定平行速度：100mm/s。

④ 输入名称"Conveyor2_3"。

⑤ 单击"确定"按钮。

8）单击"文件"→"仿真"工具栏→"播放"按钮，此时添加了刚体的几何对象在重力作用下沿 Z 轴负方向落下，掉落在 Conveyor1 上，并且可以观察到碰撞体轮廓高亮显示。

9）单击"文件"→"仿真"工具栏→"停止"按钮，此时 Box1 回到了原来的位置，并且碰撞体轮廓不再高亮。

2.1.4 对象源

在机电概念设计环境中，进入"主页"功能区→"机械"工具栏中单击"对象源"按钮，创建对象源对象。利用对象源命令可在特定的时间间隔内创建一个对象多个实例。一般使用对象源命令来模拟机电系统中的物料流。

1. 定义对象源

"对象源"对话框的部分说明如图 2-16 所示。

图 2-16　对象源对话框

（1）触发

1）"基于时间"选项：根据设定的时间间隔来复制对象。

2）"每次激活时一次"选项：对象源的属性"活动的（active）"每变成"true"一次就复制一次对象。

（2）时间间隔　在基于时间触发下可见，用于设置时间间隔。

（3）起始偏置　在基于时间触发下可见，用于设置出现第一个复制对象的等待时间。

> ☼使用技巧：
>
> 每激活一次，对象源的属性由"活动的（active）"变成"true"之后，会自动置位为"活动的（active）"属性。

2. 动手操作——对象源

（1）源文件 \chapter2_1_part\SimplePhysics_03. prt。

（2）目标 添加对象源，观察对象源仿真行为。

（3） 操作步骤

动手操作——
对象源

1）打开部件"SimplePhysics_03. prt"。

2）选择"文件"→"所有应用模块"→"机电概念设计"命令。

3）单击"主页"功能区→"机械"工具栏→"对象源" 按钮，打开"对象源"对话框。

① 在图形窗口中选择需要定义碰撞体的对象，如图 2-17 所示选择刚体"Box（1）"。

② 设置触发：基于时间。

③ 设置时间间隔：2s。

④ 设置起始偏置：0s。

⑤ 输入名称"CopyBox1"。

⑥ 单击"确定"按钮。

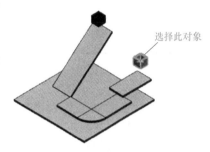

图 2-17 选择刚体"Box（1）"

4）单击"文件"→"仿真"工具栏→"播放"按钮，此时添加了对象源的几何对象每隔 2s 出现在初始位置，掉落在 Conveyor1 上，并且可以观察到复制出来的几何体具有刚体和碰撞体属性。

5）单击"文件"→"仿真"工具栏→"停止"按钮，此时仿真模型复位。

2.1.5 对象收集器

在机电概念设计环境中，进入"主页"功能区→"机械"工具栏中单击"对象收集器"按钮，创建对象收集器对象。对象收集器是指当对象源生成的对象接触到指定的碰撞传感器时，从当前场景中消除这个对象。对象收集器和对象源配合使用，避免物料堆积，因为过多的堆积造成碰撞检查会使系统的仿真变慢。

使用技巧：

1）对象源需要和碰撞传感器配合使用，且碰撞传感器的类别设置为与对象源所复制对象的类别设置相互作用。

2）只有对象源产生的对象，才可以被对象收集器消除。

1. 定义对象收集器

"对象收集器"对话框的部分说明如图 2-18 所示。

源选项如下：

1）"任意"选项：收集任何对象源生成的对象。

2）"仅选定的"选项：只收集指定的对象源生成的对象。当选择"仅选定的"时，指定需要收集的对象源，如图 2-19 所示。

图 2-18　对象收集器对话框　　　　　　　　　　　图 2-19　收集的来源

2. 动手操作——对象收集器

（1）源文件　\chapter2_1_part\SimplePhysics_04. prt。

（2）目标　添加对象收集器，观察对象收集器仿真行为。

（3）　操作步骤

1）打开部件"SimplePhysics_04. prt"。

2）选择"文件"→"所有应用模块"→"机电概念设计"命令。

3）单击"主页"功能区→"机械组"工具栏→"对象收集器" 按钮，打开"对象收集器"对话框。

① 在"机电导航器"中选择对象收集器的触发器，如图 2-20 选择"碰撞传感器"BoxSensor。

图 2-20　选择"碰撞传感器"BoxSensor

② 设置源：任意。

③ 输入名称"RemoveBox"。

④ 单击"确定"按钮。

4）单击"文件"→"仿真"工具栏→"播放"按钮，此时几何体在落到底板的时候会消失。

5）单击"文件"→"仿真"工具栏→"停止"按钮，此时仿真模型复位。

2.1.6　防止碰撞

在机电概念设计环境中，进入"主页"功能区→"机械"工具栏中单击"防止碰撞"按钮，创建防止碰撞对象，利用防止碰撞去修改特定体之间的碰撞属性。防止碰撞用于去除不期望的碰撞事件，替代碰撞体中的类别等。

1. 定义防止碰撞

"防止碰撞"对话框如图 2-21 所示。

"碰撞对"选项卡：指定不希望发生碰撞的两个对象，对象类型可以是刚体、碰撞体或者碰撞传感器。

2. 动手操作——防止碰撞

（1）源文件　\chapter2_1_part\SimplePhysics_03. prt。

（2）目标　添加防止碰撞，观察防止碰撞仿真行为。

（3）操作步骤

1）打开部件"SimplePhysics_04. prt"。

图 2-21　防止碰撞对话框

2）选择"文件"→"所有应用模块"→"机电概念设计"命令。

3）单击"主页"功能区→"机械"工具栏→"防止碰撞" 按钮，打开"防止碰撞"对话框。

① 在图形窗口中选择需要防止碰撞的碰撞对，如图 2-22 所示选择"碰撞体"Box1 和"碰撞体"Conveyor2_1。

② 输入名称"PreventCollision"。

③ 单击"确定"按钮。

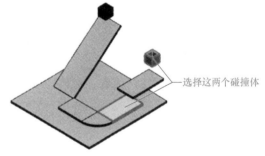

选择这两个碰撞体

4）单击"文件"→"仿真"工具栏→"播放"按钮，此时添加了防止碰撞的碰撞对之间不会发生碰撞，Box1 会穿透 Conveyor2_1。

图 2-22　选择"碰撞体"Box1 和"碰撞体"Conveyor2_1

5）单击"文件"→"仿真"工具栏→"停止"按钮，此时仿真模型复位。

2.1.7　碰撞材料

在机电概念设计环境中，进入"主页"功能区→"机械"工具栏中单击"碰撞材料"按钮，创建碰撞材料对象。定义碰撞材料可以设置碰撞体的属性，例如动摩擦、静摩擦、滚动摩擦和恢复系数。

1. 定义碰撞材料

"碰撞材料"对话框如图 2-23 所示。

属性选项卡如下：

1）"动摩擦"选项：设定动摩擦系数。

图 2-23　碰撞材料对话框

2）"静摩擦"选项：设定静摩擦系数。

3）"滚动摩擦"选项：设定滚动摩擦系数。

4）"恢复"选项：设定恢复系数。

2. 动手操作——碰撞材料

（1）源文件　\chapter2_1_part\SimplePhysics_05. prt。

（2）目标　了解添加碰撞材料过程。

（3）　操作步骤

1）打开部件"SimplePhysics_05. prt"。

2）选择"文件"→"所有应用模块"→"机电概念设计"命令。

3）单击"主页"功能区→"机械"工具栏→"碰撞材料"⬛按钮，打开"碰撞材料"对话框。

① 设置碰撞材料属性。

② 设置动摩擦系数：0. 7。

③ 设置静摩擦系数：0. 8。

④ 设置滚动摩擦系数：0。

⑤ 设置恢复系数：0. 01。

4）输入名称"CollisionMaterial1"。

5）单击"确定"按钮。

2.1.8 更改材料属性

在机电概念设计环境中，进入"主页"功能区→"机械"工具栏中单击"更改材料属性"按钮，创建更改材料属性对象。更改材料属性是指为两个对象指定碰撞材料，从而修改两个对象的相对碰撞行为。

> **使用技巧：**
> 1）更改材料属性修改的是两个对象之间的碰撞材料，只在修改的两个对象之间发生相对碰撞的时候起作用。
> 2）更改材料属性只可以指定刚体、碰撞体和传输面之间的材料属性。

1. 定义更改材料属性

"更改材料属性"对话框如图 2-24 所示。

碰撞对选项：指定需要更改材料属性的两个对象，对象类型可以是刚体、碰撞体或者传输面。

2. 动手操作——更改材料属性

（1）源文件　\chapter2_1_part\SimplePhysics_06. prt。

（2）目标　更改材料属性，观察更改材料属性后的仿真行为。

（3）　操作步骤

1）打开部件"SimplePhysics_06. prt"。

更改材料属性

2）选择"文件"→"所有应用模块"→"机电概念设计"命令。

3）单击"主页"功能区→"机械"工具栏→"更改材料属性"  按钮，打开"更改材料属性"对话框。

① 在图形窗口中选择需要更改材料属性的两个对象，如图 2-25 所示选择"碰撞体" Box2 和"碰撞体"Slope。

图 2-24　更改材料属性对话框

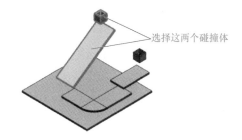

图 2-25　选择"碰撞体"Box2 和"碰撞体"Slope

② 指定碰撞材料，从"材料"下拉列表中选择 Material1。

③ 输入名称"ChangeMaterial"。

④ 单击"确定"按钮。

4）单击"文件"→"仿真"工具栏→"播放"按钮，Box2 会从碰撞体 Slope 上滑下，在摩擦力的作用下停止在 Slope 上。

5）单击"文件"→"仿真"工具栏→"停止"按钮，此时仿真模型复位。

6）打开"机电导航器"，选择碰撞材料 Material1，然后右击选择"编辑"命令。

① 修改动摩擦系数为 0.5。

② 修改静摩擦系数为 0.5。

③ 单击"确定"按钮。

7）单击"文件"→"仿真"工具栏→"播放"按钮，此时摩擦力不足以让 Box2 停止在 Slope 上，Box2 会从碰撞体 Slope 上滑下。

8）单击"文件"→"仿真"工具栏→"停止"按钮，此时仿真模型复位。

2.2　运动副与驱动

2.2.1　铰链副

在机电概念设计环境中，进入"主页"功能区→"机械"工具栏中单击"铰链副"按钮，创建铰链副。使用铰链副命令在两个刚体之间建立一个关节，允许一个沿轴线的转动自由度。铰链副不允许在两个主体之间的任何方向上做平移运动。

1. 定义铰链副

"铰链副"对话框如图 2-26 所示，部分选项含义如下。

（1）选择连接件　选择需要被铰链副约束的刚体。

（2）选择基本件　选择连接件所依附的刚体。如果基本件参数为空，则代表连接件和地面连接。

（3）起始角　在模拟仿真还没有开始之前，设置连接件相对于基本件的角度。

（4）上限　设置一个限制旋转运动的上限值，这里可以设置一个转动多圈的上限值。

（5）下限　设置一个限制旋转运动的下限值，这里可以设置一个转动多圈的下限值。

2. 动手操作——铰链副

（1）源文件　\chapter2_2_part_05- rotating_assem_nx85_1. prt。

（2）目标　添加铰链副，观察铰链副仿真行为。

（3）　操作步骤

1）打开部件"_05- rotating_ assem_ nx85_1. prt"，如图 2-27 所示。

图 2-26　铰链副对话框

2）单击"文件"→"仿真"工具栏→"播放"按钮，此时模型中添加了刚体的几何体在重力作用下沿 Z 轴负方向落下。

3）单击"主页"→"机械"工具栏→"铰链副" 按钮，打开"铰链副"对话框。

① 选择连接件，在图形窗口或者"机电导航器"中选择需要添加铰链副约束的刚体：Crank，如图 2-28 所示。

图 2-27　部件"_05- rotating_assem_nx85_1"

图 2-28　选择刚体 Crank

② 指定轴矢量：打开指定轴矢量的下拉菜单，选择 YC。

③ 指定锚点：选择图 2-29 所示圆心。

④ 单击"确定"按钮。

4）打开"机电导航器"，此时添加的铰链副显示在"运动副和约束"文件夹下，如图 2-30 所示。

选择圆心作为锚点

图 2-29　选择圆心作为锚点

图 2-30　机电导航器

5）单击"文件"→"仿真"工具栏→"播放"按钮，此时添加了铰链副的刚体被约束在屏幕原来位置。用鼠标拖动时可以沿着 *YC* 旋转。

6）单击"文件"→"仿真"工具栏→"停止"按钮，此时仿真模型复位。

7）继续添加铰链副，进入"主页"功能区→"机械"工具栏→"铰链副" 按钮，打开"铰链副"对话框。

① 选择连接件，在图形窗口或者"机电导航器"中选择需要添加铰链副约束的刚体：Piston，如图 2-31 所示。

② 选择基本件，在图形窗口或者"机电导航器"中选择连接件所依附的刚体：Crank，如图 2-32 所示。

图 2-31　选择刚体"Piston"

图 2-32　选择刚体"Crank"

③ 指定轴矢量：打开指定轴矢量的下拉菜单，选择 *YC*。

④ 指定锚点：选择图 2-33 所示圆心作为锚点。

⑤ 单击"确定"按钮。

8）单击"文件"→"仿真"工具栏→"播放"按钮，此时添加了铰链副的刚体被约束在屏幕原来位置。用鼠标拖动时可以相对于基本件沿着 *YC* 旋转。

9）单击"文件"→"仿真"工具栏→"停止"按钮，此时仿真模型复位。

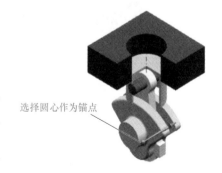

选择圆心作为锚点

图 2-33　选择圆心作为锚点

2.2.2　滑动副

在机电概念设计环境中，进入"主页"功能区→"机械"工具栏中单击"滑动副"按钮，创建滑动副。使用滑动副命令在两个刚体之间建立一个关节，允许有一个沿轴线的平移自由度。滑动副不允许在两个主体之间的任何方向上做旋转运动。

1. 定义滑动副

"滑动副"对话框如图2-34所示，部分选项含义如下。

（1）选择连接件　选择需要被滑动副约束的刚体。

（2）选择基本件　选择连接件所依附的刚体。如果基本件参数为空，则代表连接件和地面连接。

（3）起始角　在模拟仿真还没有开始之前，设置连接件相对于基本件的位置。

（4）上限　设置一个限制平移运动的上限值。

（5）下限　设置一个限制平移运动的下限值。

2. 动手操作——滑动副

（1）源文件　\chapter2_2_part_05-rotating_assem_nx85_2.prt。

（2）目标　添加滑动副，观察滑动副仿真行为。

（3）**操作步骤**

1）打开部件"_05-rotating_assem_nx85_2.prt"，如图2-35所示。

2）单击"文件"→"仿真"工具栏→"播放"按钮，此时在重力作用下，模型会发生旋转。

图2-34　滑动副对话框

3）单击"主页"功能区→"机械"工具栏→"滑动副"按钮，打开"滑动副"对话框。

① 选择连接件，在图形窗口或者"机电导航器"中选择需要添加滑动副约束的刚体：Piston，如图2-36所示。

图2-35　部件"_05-rotating_assem_nx85_2"

图2-36　选择刚体"Piston"

② 指定轴矢量：打开指定轴矢量的下拉菜单，选择ZC。

③ 单击"确定"按钮。

4）打开"机电导航器"，此时添加的铰链副显示在"运动副和约束"文件夹下，如图2-37所示。

5）在"机电导航器"中，右击刚体 Crank，再单击"编辑"按钮，打开"刚体"对话框。

① 打开对话框选项，选择"刚体（更多）"以查看所有对话框选项，如图 2-38 所示。

图 2-37　机电导航器

图 2-38　设置查看所有对话框选项

② 设置初始旋转速度：720°/s，如图 2-39 所示。
③ 指定轴矢量：打开指定轴矢量的下拉菜单，选择 YC，如图 2-40 所示。

图 2-39　设置初始旋转速度

图 2-40　选择矢量 YC

④ 单击"确定"按钮。

6）单击"文件"→"仿真"工具栏→"播放"按钮，此时曲柄连杆机构开始左右摆动，相连的活塞上下移动。

7）单击"文件"→"仿真"工具栏→"停止"按钮，此时仿真模型复位。

2.2.3　柱面副

在机电概念设计环境中，进入"主页"→"机械"工具栏中单击"柱面副"按钮，创建柱面副。使用柱面副命令在两个刚体之间建立一个关节，允许两个自由度：一个沿轴线平移的自由度和一个沿轴线旋转的自由度。通过柱面副，两个刚体可以沿轴线转动和平移。

1. 定义柱面副

"柱面副"对话框如图 2-41 所示，部分选项含义如下。

（1）选择连接件　选择需要被柱面副约束的刚体。

（2）选择基本件　选择连接件所依附的刚体。如果基本件参数为空，则代表连接件和地面连接。

图 2-41 柱面副对话框

（3）起始角　在模拟仿真还没有开始之前，设置连接件相对于基本件的角度。

（4）偏置　在模拟仿真还没有开始之前，设置连接件相对于基本件的位置。

（5）线性上限　设置一个限制平移运动的上限值。

（6）线性下限　设置一个限制平移运动的下限值。

（7）斜角上限　设置一个限制旋转运动的上限值，这里可以设置一个转动多圈的上限值。

（8）斜角下限　设置一个限制旋转运动的下限值，这里可以设置一个转动多圈的下限值。

2. 动手操作——柱面副

（1）源文件　\chapter2_2_part_SwingArmAssem. prt。

（2）目标　添加柱面副，观察柱面副仿真行为。

（3）　操作步骤

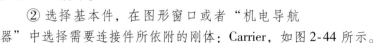

动手操作——
柱面副

1）打开部件"_SwingArmAssem. prt"，如图 2-42 所示。

2）单击"文件"→"仿真"工具栏→"播放"按钮，此时在重力作用下，摆动连杆会落下并发生旋转。

3）单击"主页"功能区→"机械"工具栏→"柱面副" 按钮，打开"柱面副"对话框。

① 选择连接件，在图形窗口或者"机电导航器"中选择需要添加柱面副约束的刚体：SwingAxel，如图 2-43 所示。

图 2-42 部件"_SwingArmAssem"

② 选择基本件，在图形窗口或者"机电导航器"中选择需要连接件所依附的刚体：Carrier，如图 2-44 所示。

③ 指定轴矢量：打开指定轴矢量的下拉菜单，选择 XC。

④ 指定锚点：选择图 2-45 所示圆心作为锚点。

⑤ 单击"确定"按钮。

图 2-43　选择连接件

图 2-44　选择基本件

4）打开"机电导航器"，此时添加的柱面副显示在"运动副和约束"文件夹下，如图 2-46 所示。

选择圆心作为锚点

图 2-45　选择圆心作为锚点

图 2-46　机电导航器

5）单击"文件"→"仿真"工具栏→"播放"按钮，此时摆动连杆机构开始上下摆动，观察步骤3）图 2-45 所示部分，摆动轴和载体之间既可以相对滑动，又可以相对转动。

6）单击"文件"→"仿真"工具栏→"停止"按钮，此时仿真模型复位。

2.2.4　球副

在机电概念设计环境中，进入"主页"功能区→"机械"工具栏中单击"球副"按钮，创建球副。使用球副命令在两个刚体之间建立一个关节，允许三个转动的自由度：X，Y，Z 三个轴向的转动。

1. 定义球副

"球副"对话框如图 2-47 所示，部分选项含义如下。

（1）选择连接件　选择需要被球副约束的刚体。

（2）选择基本件　选择连接件所依附的刚体。如果基本件参数为空，则代表连接件和地面连接。

图 2-47　球副对话框

💡**使用技巧：**

球副不可以添加驱动，但球副能将刚体的运动传递给另一个刚体。

2. 动手操作——球副

（1）源文件　\chapter2_2_part_12- BallJoint_nx85. prt。

（2）目标　添加球副，观察球副仿真行为。

（3）　操作步骤

1）打开部件"_12- BallJoint_nx85. prt"，如图 2-48 所示。

2）单击"文件"→"仿真"工具栏→"播放"按钮，此时在重力作用下，连杆会落下。

3）单击"主页"功能区→"机械"工具栏→"球副" 🔘 按钮，打开"球副"对话框。

① 选择连接件，在图形窗口或者"机电导航器"中选择需要添加球副约束的刚体：Link，如图 2-49 所示。

② 选择基本件，在图形窗口或者"机电导航器"中选择需要连接件所依附的刚体：Link1，如图 2-50 所示。

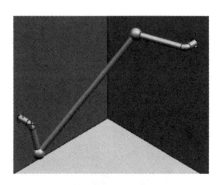

图 2-48　部件"_12- BallJoint_nx85"

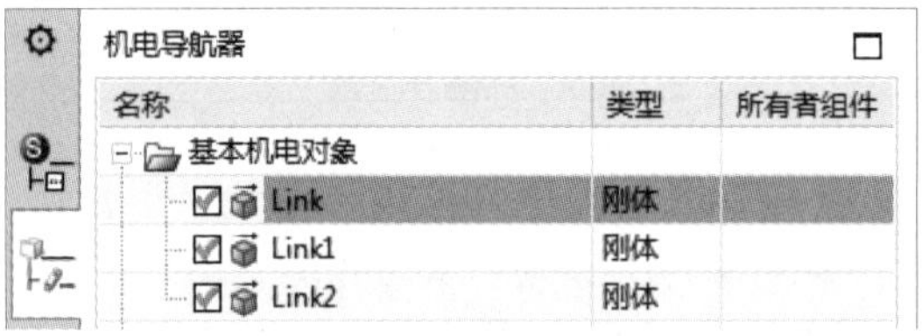

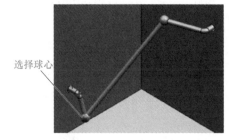

图 2-49　选择连接件 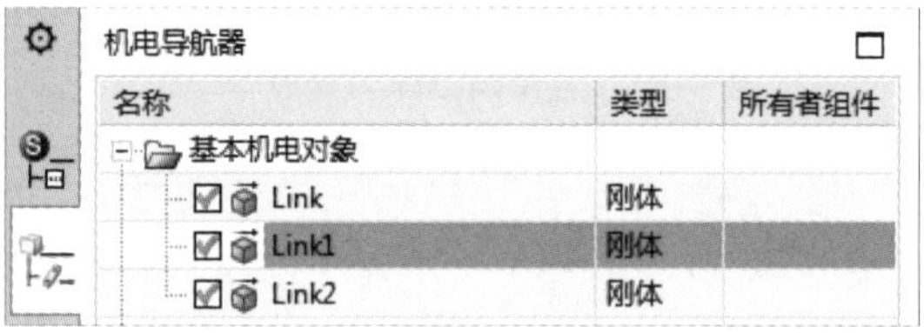　　　　　图 2-50　选择基本件

③ 指定锚点：在指定锚点下拉菜单中选择"圆弧中心/椭圆中心/球心"，然后选择图 2-51 所示球心。

④ 单击"确定"按钮。

4）采用类似方法添加另一个球副。单击"主页"功能区→"机械"工具栏→"球副" 🔘 按钮，打开"球副"对话框。

① 选择连接件，在图形窗口或者"机电导航器"中选择需要添加球副约束的刚体：Link，如图 2-52 所示。

② 选择基本件，在图形窗口或者"机电导航器"中选择需要连接件所依附的刚体：Link2，如图 2-53 所示。

图 2-51　选择球心

图 2-52　选择连接件

图 2-53　选择基本件

③ 指定锚点：在指定锚点下拉菜单中选择"圆弧中心/椭圆中心/球心"，然后选择图 2-54 所示球心。

④ 单击"确定"按钮。

5）打开"机电导航器"，此时添加的球副显示在"运动副和约束"文件夹下，如图 2-55 所示。

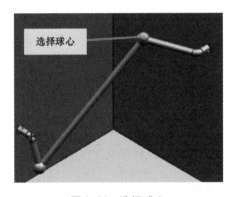

图 2-54　选择球心

图 2-55　机电导航器

6）单击"文件"→"仿真"工具栏→"播放"按钮，此时摆动连杆机构开始运动，观察步骤 3）、4）中图 2-51 和图 2-54 所示部分，连杆之间可以做任意方向转动。

7）单击"文件"→"仿真"工具栏→"停止"按钮，此时仿真模型复位。

2.2.5　固定副

在机电概念设计环境中，进入"主页"功能区→"机械"工具栏中单击"固定副"按钮，创建固定副。使用固定副命令将一个刚体连接到一个固定的位置（例如接地）或者另一个刚体上。固定副的自由度为零。

1. 定义固定副

"固定副"对话框如图 2-56 所示，部分选项含义如下。

（1）选择连接件　选择需要被固定副约束的刚体。

（2）选择基本件　选择连接件所依附的刚体。如果基本件参数为空，则代表连接件和地面连接。

2. 动手操作——固定副

（1）源文件　\chapter2_2_part_05- rotating_assem_nx85_3. prt。

（2）目标　添加固定副，观察固定副仿真行为。

（3）**操作步骤**

1）打开部件"_05-rotating_assem_nx85_3.prt"，如图2-57所示。

图2-56　固定副对话框　　　　图2-57　部件"_05-rotating_assem_nx85_3"

2）单击"文件"→"仿真"工具栏→"播放"按钮，此时在重力作用下，刚体部分会落下。

3）单击"主页"功能区→"机械"工具栏→"固定副" ![icon] 按钮，打开"固定副"对话框。

① 选择连接件，在图形窗口或者"机电导航器"中选择需要添加球副约束的刚体：Case，如图2-58所示。

② 单击"确定"按钮。

4）打开"机电导航器"，此时添加的固定副显示在"运动副和约束"文件夹下。

图2-58　选择连接件

图2-59　机电导航器

5）单击"文件"→"仿真"工具栏→"播放"按钮，此时刚体部分不再落下。

6）单击"文件"→"仿真"工具栏→"停止"按钮，此时仿真模型复位。

2.2.6　速度控制

在机电概念设计环境中，进入"主页"功能区→"电气"工具栏中单击"速度控制"按钮，创建速度控制对象。速度控制添加在运动副上，驱动由运动副约束的刚体以预设的参数运动。这些预设的参数可以是速度、加速度、加加速度、力矩或者扭矩。

1. 定义速度控制

"速度控制"对话框如图 2-60 所示，部分选项含义如下。

（1）机电对象　选择传输面或者运动副（例如铰链副、滑动副等）。

（2）轴类型　当选择柱面副的时候需要指定轴类型（例如角度或线性）。

（3）限制加速度　当勾选这个选项之后，允许用户输入最大加速度，并且可以限制加加速度，如图 2-61 所示。

图 2-60　速度控制对话框　　　　　　　　　　图 2-61　约束组

（4）限制加加速度　当勾选这个选项之后，允许用户输入最大加加速度，如图 2-62 所示。

（5）图形视图　根据输入的速度、加速度和加加速度显示速度曲线，如图 2-63 所示。

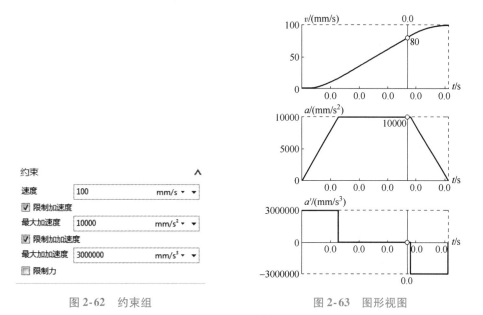

图 2-62　约束组　　　　　　　　　　图 2-63　图形视图

2. 动手操作——速度控制

（1）源文件 \chapter2_2_part_05-rotating_assem_nx85_4. prt。

（2）目标 添加速度控制，观察速度控制仿真行为。

（3） 操作步骤

动手操作——
速度控制

1）打开部件 "_05-rotating_assem_nx85_4. prt"。

2）选择 "文件"→"所有应用模块"→"机电概念设计" 命令。

3）单击 "主页"功能区→"电气" 工具栏→"速度控制" ↗按钮，打开 "速度控制"
对话框。

① 在图形窗口或者 "机电导航器" 中选择需要添加速度控制的铰链副：Crank_ Hinge-
Joint（1），如图2-64 所示。

② 设置速度为 720°/s。

③ 勾选 "限制加速度"，并设置最大加速度为 360°/s²。

④ 勾选 "限制加加速度"，并设置最大加加速度为 360°/s³。

⑤ 观察速度曲线，如图2-65 所示。

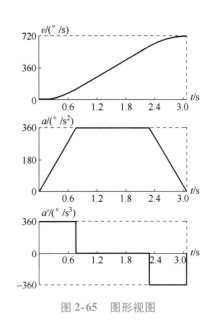

图2-64 选择铰链副

图2-65 图形视图

⑥ 输入名称 "Driver"。

⑦ 单击 "确定" 按钮。

4）单击 "文件"→"仿真" 工具栏→"播放" 按钮，此时曲轴会慢慢加速，并带动连杆
驱动活塞开始运动，3s 之后速度稳定并不再变化。

5）单击 "文件"→"仿真" 工具栏→"停止" 按钮，此时仿真模型复位。

2.2.7 位置控制

在机电概念设计环境中，进入 "主页" 功能区→"电气" 工具栏中单击 "位置控制"
按钮，创建位置控制对象。位置控制添加在运动副上，驱动由运动副约束的刚体以预设的参数运动到指定的位置。这些预设的参数可以是速度、加速度、加加速度、力矩或者扭矩。

1. 定义位置控制

"位置控制"对话框如图 2-66 所示，部分选项含义如下。

图 2-66　位置控制对话框

（1）机电对象　选择传输面或者运动副（例如铰链副、滑动副等）。

（2）轴类型　当选择柱面副的时候需要指定轴类型（例如角度或线性）。

（3）角路径选项

1）沿最短路径：按照劣角运动，且运动范围小于 360°，如图 2-67 所示。

2）顺时针旋转：根据右手螺旋定则按照顺时针方向旋转，且运动范围小于 360°，如图 2-68 所示。

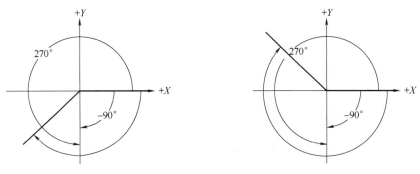

图 2-67　沿最短路径示意图　　　　图 2-68　顺时针方向旋转示意图

3）逆时针旋转：根据右手螺旋定则按照逆时针方向旋转，且运动范围小于 360°，如图 2-69 所示。

4）跟踪多圈：根据设置的目标位置运动，且运动范围可以大于 360°，如图 2-70 所示。

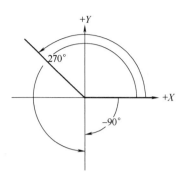

图 2-69　逆时针方向旋转示意图

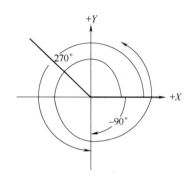

图 2-70　跟踪多圈示意图

（4）限制加速度　当勾选这个选项之后，允许用户输入最大加速度，并且可以限制加加速度，如图 2-71 所示。

（5）限制加加速度　当勾选这个选项之后，允许用户输入最大加加速度，如图 2-72 所示。

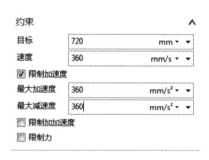

图 2-71　约束组（一）

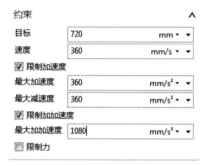

图 2-72　约束组（二）

（6）图形视图　根据输入的速度、加速度和加加速度显示速度曲线，如图 2-73 所示。

2. 动手操作——位置控制

（1）源文件　\chapter2_2_part_05-rotating_assem_nx85_4.prt。

（2）目标　添加位置控制，观察位置控制仿真行为。

（3）　操作步骤

1）打开部件 "_05-rotating_assem_nx85_4.prt"。

2）选择 "文件"→"所有应用模块"→"机电概念设计" 命令。

3）单击 "主页" 功能区→"电气" 工具栏→"位置控制" 🖈 按钮，打开 "位置控制" 对

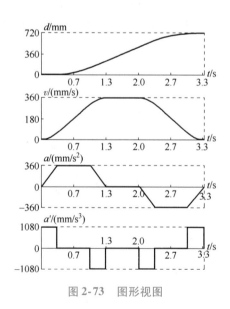

图 2-73　图形视图

话框。

① 在图形窗口或者"机电导航器"中选择需要添加速度控制的铰链副：Crank_HingeJoint（1），如图 2-74 所示。

② 设置角路径选项为跟踪多圈。

③ 设置目标为 3600°。

④ 设置速度为 720°/s。

⑤ 勾选"限制加速度"，并设置最大加速度为 $360°/s^2$，设置最大减速度为 $360°/s^2$。

⑥ 勾选"限制加加速度"，并设置最大加加速度为 $360°/s^3$。

⑦ 观察速度曲线，如图 2-75 所示。

⑧ 输入名称"Driver"。

⑨ 单击"确定"按钮。

4）单击"文件"→"仿真"工具栏→"播放"按钮，此时曲轴会慢慢加速，并带动连杆驱动活塞开始运动，达到最大速度后运行几秒时间，之后慢慢减速到达设置的目标位置。

5）单击"文件"→"仿真"工具栏→"停止"按钮，此时仿真模型复位。

图 2-74　选择铰链副

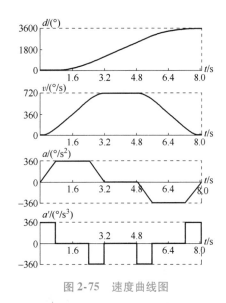

图 2-75　速度曲线图

2.3　耦合副

2.3.1　齿轮副

在机电概念设计环境中，进入"主页"功能区→"机械"工具栏中单击"齿轮"按钮，创建齿轮副。使用齿轮副命令连接两个轴运动副，使它们以固定的比例传递运动。

齿轮副所选择的两个轴运动副必须共有同一个基本件；齿轮副的传动比是轴运动副的速度比；齿轮副并未考虑接触力，例如齿轮齿之间的摩擦力。

1. 定义齿轮副

"齿轮副"对话框如图 2-76 所示，部分选项含义如下。

（1）选择主对象　选择一个轴运动副。

（2）选择从对象　选择另一个轴运动副，从对象选择的轴运动副的类型必须和主对象一致。

图 2-76　齿轮副对话框

💡 注意：

齿轮副允许主对象和从对象同时选择铰链副，或者同时选择滑动副，或者同时选择柱面副的同一种类型。

（3）约束　定义齿轮副传动比为 $\dfrac{主倍数}{从倍数}$。

（4）滑动　允许齿轮副的输出结果有轻微的滑动，例如用齿轮副模拟带传动。

2. 动手操作——齿轮副

（1）源文件　\chapter2_3_part_13-gear_nx85. prt。

（2）目标　添加齿轮副，观察齿轮副仿真行为。

（3）　操作步骤

1）打开部件"_13-gear_nx85. prt"，如图 2-77 所示。

2）单击"主页"功能区→"机械"工具栏→"齿轮副" 🔩 按钮，打开"齿轮副"对话框。

① 选择主对象，在图形窗口或者"机电导航器"中选择需要添加铰链副：In，如图 2-78 所示。

图 2-77　部件"_13-gear_nx85"

图 2-78　选择铰链副"In"

② 选择从对象，在图形窗口或者"机电导航器"中选择需要添加铰链副：Gear_1，如图 2-79 所示。

③ 指定传动比：-4/1，即主倍数 4，从倍数 -1。

④ 单击"确定"按钮。

⑤ 打开"机电导航器"，此时添加的齿轮副显示在"耦合副"文件夹下，如图 2-80 所示。

图 2-79　选择铰链副"Gear_1"　　　　　　　图 2-80　机电导航器

3）采用类似方法继续为铰链副 Gear_1 和铰链副 Gear_2 之间添加第二个齿轮副。单击

"主页"功能区→"机械"工具栏→"齿轮副" 按钮，打开"齿轮副"对话框。

① 选择主对象，在图形窗口或者"机电导航器"中选择铰链副：Gear_1，如图 2-81 所示。

② 选择从对象，在图形窗口或者"机电导航器"中选择铰链副：Gear_2，如图 2-82 所示。

图 2-81　选择铰链副"Gear_1"

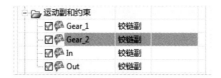

图 2-82　选择铰链副"Gear_2"

③ 指定传动比：-1/1，即主倍数 1，从倍数 -1。

④ 单击"确定"按钮。

4）采用类似方法继续为铰链副 Gear_2 和铰链副 Out 之间添加第三个齿轮副。单击"主页"功能区→"机械"工具栏→"齿轮副" 按钮，打开"齿轮副"对话框。

① 选择主对象，在图形窗口或者"机电导航器"中选择铰链副：Gear_2，如图 2-83 所示。

② 选择从对象，在图形窗口或者"机电导航器"中选择铰链副：Out，如图 2-84 所示。

图 2-83　选择铰链副"Gear_2"

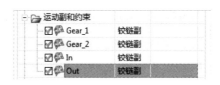

图 2-84　选择铰链副"Out"

③ 指定传动比：-2/1，即主倍数 2，从倍数 -1。

④ 单击"确定"按钮。

5）单击"文件"→"仿真"工具栏→"播放"按钮，此时输入的速度经过齿轮副的传递，输出到各刚体上，刚体发生旋转，且齿轮根据指定传动比进行啮合。

6）单击"文件"→"仿真"工具栏→"停止"按钮，此时仿真模型复位。

2.3.2　齿轮齿条副

在机电概念设计环境中，进入"主页"功能区→"机械"工具栏中单击"齿轮齿条"按钮，创建齿轮齿条耦合副。利用齿轮齿条副定义滑动副和转动副之间的相对运动。

对于齿轮齿条副：

1）只要滑动副轴矢量和旋转副旋转轴不平行，可以选择任意的滑动副和转动副。

2）如果齿轮和齿条不是固定的（即齿轮和齿条都是可以运动的），这时齿轮和齿条必须有共同的基本件。

3）可以通过图形窗口选择接触点或者设置齿轮半径。

1. 定义齿轮齿条副

"齿轮齿条副"对话框如图 2-85 所示，部分选项含义如下。

（1）选择主对象　选择齿条的滑动副或者柱面副。

（2）选择从对象　选择齿轮的铰链副。

（3）接触点　使用接触点动态地设置齿轮和齿条的传动比。

（4）半径　通过指定旋转轴和滑动轴之间的最短距离来设置半径。

（5）滑动　允许齿轮齿条副的输出结果有轻微的滑动，例如用齿轮齿条副模拟带传动。

2. 动手操作——齿轮齿条副

（1）源文件　\chapter2_3_part_rackandpinion_nx11. prt。

（2）目标　添加齿轮齿条副，观察齿轮齿条副仿真行为。

（3）**操作步骤**

1）打开部件"_rackandpinion_nx11. prt"。

2）单击"主页"功能区→"机械"工具栏→"齿轮齿条副" 按钮，打开"齿轮齿条副"对话框。

① 选择主对象，在图形窗口或者"机电导航器"中选择需要添加齿轮齿条副约束的滑动副：Rack_Holder_SlidingJoint（1），如图 2-87 所示。

② 选择从对象，在图形窗口或者"机电导航器"中选择需要添加齿轮齿条副约束的铰链副：Pinion_Holder_HingeJoint（1），如图 2-88 所示。

图 2-85　齿轮齿条副对话框

图 2-86　部件"_rackandpinion_nx11"

图 2-87　选择滑动副
"Rack_Holder_SlidingJoint（1）"

图 2-88　选择铰链副
"Pinion_Holder_HingeJoint（1）"

③ 输入半径：37.5mm。

④ 单击"确定"按钮。

3）打开"机电导航器"，此时添加的齿轮齿条副显示在"耦合副"文件夹下，如图 2-89 所示。

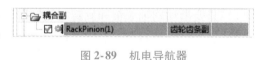

图 2-89　机电导航器

4）单击"文件"→"仿真"工具栏→"播放"按钮，此时齿轮在齿条上沿 XC 方向滚动，且齿轮齿条能准确啮合。

5）单击"文件"→"仿真"工具栏→"停止"按钮，此时仿真模型复位。

2.3.3　运动曲线

在机电概念设计环境中，进入"主页"功能区→"机械"工具栏中单击"运动曲线"按钮，创建运动曲线。使用运动曲线命令定义主动轴和从动轴的运动关系，可用来定义机械凸轮或者电子凸轮耦合副。

1. 定义运动曲线

"运动曲线"对话框如图 2-90 所示，部分选项含义如下。

图 2-90　运动曲线对话框

（1）主轴类型

1）线性：主动轴做平移运动，以平移位移作为变量。

2）旋转：主动轴做旋转运动，以旋转角度作为变量。

3）时间：以仿真时间轴作为主动轴变量。

（2）从轴类型

1）线性位置：从动轴做平移运动，以平移位移作为变量。

2）旋转位置：从动轴做旋转运动，以旋转角度作为变量。

3）线性速度：从动轴做平移运动，以平移速度作为变量。

4）旋转速度：从动轴做旋转运动，以旋转速度作为变量。

（3）循环类型

1）相对循环：从动轴的起点和终点可以不重合，但是起点和终点的斜率和曲线必须一致，如图 2-91 所示。

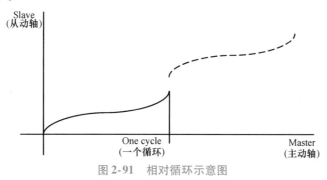

图 2-91　相对循环示意图

2）循环：从动轴的起点和终点的大小和曲率必须一致，如图 2-92 所示。

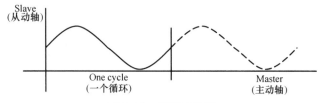

图 2-92　循环示意图

3）非循环：只循环一次，如图 2-93 所示。

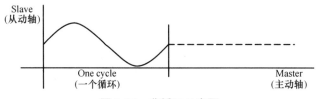

图 2-93　非循环示意图

（4）图形视图　显示定义的曲线，在图形视图窗口中可以添加点或者拖动图形上的点来塑造曲线。

（5）表格视图　显示图形上所有点的信息，通过双击单元格来修改值。

2. 动手操作——运动曲线

（1）源文件　\chapter2_3_part\MechanicalCam. prt。

（2）目标　添加运动曲线，熟悉运动曲线的添加方法。

（3）　操作步骤

1）打开部件"MechanicalCam. prt"，如图 2-94 所示。

2）单击"主页"功能区→"机械"工具栏→"运动曲线" 按钮，打开"运动曲线"对话框。

① 设置主动轴，类型为旋转，最小值为 0，最大值为 360。

② 设置从动轴，类型为线性位置，最小值为 0，最大值为 120。

③ 设置循环类型：循环。

④ 在图形窗口中添加通过点，结果如图 2-95 所示。

图 2-94　部件"MechanicalCam"

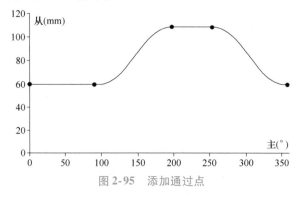

图 2-95　添加通过点

⑤ 设置各点参数，如图 2-96 所示。

主	从	内斜率	外斜率	曲线内	曲线外
0.000000	60.000000	0.000000	0.000000	0.000000	0.000000
90.000000	60.000000	0.000000	0.000000	0.000000	0.000000
202.500000	110.000000	0.000000	0.000000	0.000000	0.000000
247.500000	110.000000	0.000000	0.000000	0.000000	0.000000
360.000000	60.000000	0.000000	0.000000	0.000000	0.000000

图 2-96   各点参数

⑥ 单击"确定"按钮。

2.3.4 机械凸轮

在机电概念设计环境中，单击"主页"功能区→"机械"工具栏中单击"机械凸轮"
按钮，创建机械凸轮耦合副。使用机械凸轮命令连接
主动轴和从动轴，主动轴通过运动曲线定义的运动关
系驱动从动轴运动，从动轴的作用力会通过机械凸轮
反馈给主动轴。

1. 定义机械凸轮

"机械凸轮"对话框如图 2-97 所示。

（1）选择主对象　选择一个运动副作为主动轴。

（2）选择从对象　选择一个运动副作为从动轴。

（3）运动曲线　选择一个运动曲线，这里选择的
运动曲线中主动轴和从动轴类型必须和机械凸轮选择
的主动轴和从动轴类型一致。

（4）主偏置　设置主动轴偏置的位置。

（5）从偏置　设置从动轴偏置的位置。

（6）主比例因子　设置主动轴动态的比例值。

（7）从比例因子　设置从动轴动态的比例值。

（8）滑动　允许机械凸轮的啮合有轻微的滑动。

图 2-97   机械凸轮对话框

2. 动手操作——机械凸轮

（1）源文件　\chapter2_3_part\MechanicalCam_1. prt。

（2）目标　添加机械凸轮，并观察机械凸轮在运动曲线约束下的仿真行为。

（3）　操作步骤

1）打开部件"MechanicalCam_1. prt"，如图 2-98 所示。

图 2-98   部件"MechanicalCam_1"

动手操作——机械凸轮

2）单击"主页"功能区→"机械"工具栏→"机械凸轮" 按钮，打开"机械凸轮"对话框。

① 选择主对象，在图形窗口或者"机电导航器"中选择铰链副：CamDisk_HingeJoint(1)，如图2-99所示。

② 选择从对象，在图形窗口或者"机电导航器"中选择滑动副：Slider_SlidingJoint(1)，如图2-100所示。

图2-99　选择铰链副"CamDisk_HingeJoint(1)"

图2-100　选择滑动副"Slider_SlidingJoint(1)"

③ 指定运动曲线，从曲线下拉列表里面选择：MotionProfile(1)，如图2-101所示。

④ 单击"确定"按钮。

3）单击"文件"→"仿真"工具栏→"播放"按钮，此时凸轮机构开始运动，观察凸轮和连杆接触部分，凸轮和连杆能很好地传动。

4）单击"文件"→"仿真"工具栏→"停止"按钮，此时仿真模型复位。

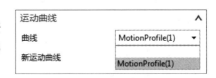

图2-101　选择运动曲线

2.4　传感器

2.4.1　碰撞传感器

在机电概念设计环境中，进入"主页"功能区→"电气"工具栏中单击"碰撞传感器"按钮，创建碰撞传感器。碰撞传感器依附在几何体上，用来提供对象之间的反馈。用户可以选择不同的形状来封装几何体以形成检测区域。在虚拟调试中，传感器的结果往往被传回外部控制系统。在连接到外部控制系统之前，碰撞传感器在MCD模型中可以用来完成以下操作：作为仿真序列执行的条件；作为运行时表达式的参数；用来计数；检测对象的位置；获取对象，例如将触发碰撞传感器的刚体通过仿真序列依附到运动副上；用来收集对象，例如对象收集器；用来改变几何体颜色，例如颜色变换器。

碰撞传感器的检测类型又分为"系统""用户""两者"三种类型。碰撞传感器检测类型为"系统"，在仿真过程中，用户不可输入，当系统检测到碰撞时，即输出true（碰撞传感器类型为"触发"），或者对当前值置反（碰撞传感器类型为"切换"）。碰撞传感器检测类型为"用户"，在仿真过程中，碰撞传感器对系统检测到的碰撞事件不做处理，当用户操作时，即输出true（碰撞传感器类型为"触发"），或者对当前值置反（碰撞传感器类型为"切换"）。碰撞传感器检测类型为"两者"，在仿真过程中，碰撞传感器综合系统检测到碰撞事件和用户操作，当系统检测到碰撞或者用户操作时，即输出true（碰撞传感器类型为"触发"），或者对当前值置反（碰撞传感器类型为"切换"）。

例如，碰撞传感器位置固定，物料在传输面上运动，物料自左向右再向左运动，运动状态示意见表2-3。

表 2-2　运动状态示意

序　号	状　态
1	
2	
3	
4	
5	
6	

●——碰撞传感器，　■——碰撞体。

将表 2-2 所示运动状态示意使用碰撞接触状态图表示，则如图 2-102 所示。

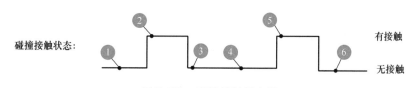

图 2-102　碰撞接触状态图

若碰撞传感器碰撞类型设置为"系统"，用户不可以操作传感器，选择不同的碰撞传感器类型，仿真过程中"碰撞传感器·已触发"输出状态图如图 2-103 所示。

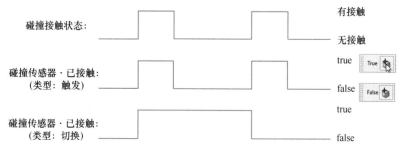

图 2-103　已接触输出状态图（系统）

若碰撞传感器碰撞类型设置为"用户"，系统碰撞检测会被忽略，选择不同的碰撞传感器类型，仿真过程中"碰撞传感器·已触发"输出状态图如图 2-104 所示。

若碰撞传感器碰撞类型设置为"两者"，选择不同的碰撞传感器类型，仿真过程中"碰撞传感器·已触发"输出状态图如图 2-105 所示。

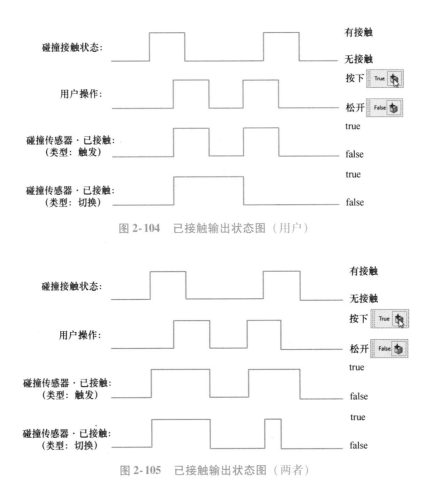

图 2-104　已接触输出状态图（用户）

图 2-105　已接触输出状态图（两者）

1. 定义碰撞传感器

"碰撞传感器"对话框如图 2-106 所示，部分选项含义如下。

（1）选择对象　选择碰撞传感器所依附的几何体。

（2）形状

1）方块：用最小长方形包裹选择对象。

2）球：用最小球包裹选择对象。

3）直线：用直线表示传感器形状。

4）圆柱：用最小圆柱包裹选择对象。

（3）类别　设置碰撞传感器类别的值，以指示哪些碰撞体和碰撞传感器将相互作用。默认情况下，只有相同类型的碰撞体和碰撞传感器之间才会相互作用。通过编辑关系矩阵并将其应用到 MCD 客户默认设置，可以做自定义设置。

（4）碰撞时高亮显示　在仿真的过程中，如果碰

图 2-106　碰撞传感器对话框

撞传感器和起作用的碰撞体接触时,碰撞传感器高亮显示。

2. 动手操作——碰撞传感器

(1)源文件 \chapter2_4_part\SimplePhysics_07. prt。

(2)目标 添加碰撞传感器,观察碰撞传感器仿真行为。

(3) 操作步骤

1)打开部件"SimplePhysics_07. prt"。

2)选择"文件"→"所有应用模块"→"机电概念设计"命令。

3)单击"主页"功能区→"电气"工具栏→"碰撞传感器" 📦 按钮,打开"碰撞传感器"对话框。

① 在图形窗口中选择需要定义碰撞传感器的对象,例如选择图 2-107 所示 Body(0)。

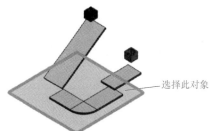

选择此对象

② 设置碰撞形状:方块。

③ 设置形状属性:自动。

④ 输入类别:0。

⑤ 勾选"碰撞时高亮显示" ☑。

⑥ 单击"确定"按钮。

图 2-107 选择 Body(0)

4)打开"机电导航器",此时添加的碰撞传感器显示在"传感器和执行器"文件夹下,如图 2-108 所示。

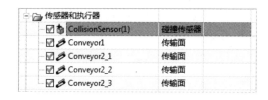

图 2-108 机电导航器

5)选择 CollisionSensor(1),单击鼠标右键,在弹出的右键菜单中选择"添加到察看器",如图 2-109 所示。

6)打开"运行时察看器",此时碰撞传感器 CollisionSensor(1) 的运行时参数"已触发"和"活动的"显示在察看器列表中,如图 2-110 所示。

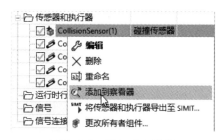

图 2-109 添加到察看器

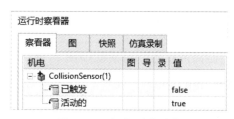

图 2-110 运行时察看器

7)单击"文件"→"仿真"工具栏→"播放"按钮。

① 当黄色小方块未接触到底板时，底板不发生变化，且在"运行时察看器"中"已触发"值为 false，如图 2-111 所示。

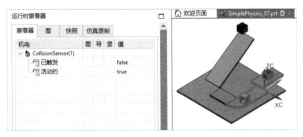

图 2-111　碰撞传感器未触发

② 当黄色的小方块接触到底板时，底板和小方块同时高亮显示，底板碰撞体轮廓为碧蓝色，小方块为洋红色，且在"运行时察看器"中"已触发"值为 true，如图 2-112 所示。

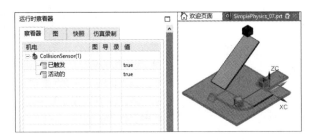

图 2-112　碰撞传感器被触发

8）单击"文件"→"仿真"工具栏→"停止"按钮，此时仿真模型复位。

2.4.2　距离传感器

在机电概念设计环境中，进入"主页"功能区→"电气"工具栏中单击"距离传感器"按钮，创建距离传感器。使用距离传感器命令将距离传感器附加到刚体上，距离传感器提供从传感器到最近碰撞体的距离反馈。距离传感器可以创建在一个固定的位置来检测一个固定的区域，或者将其附加到移动的刚体上，还可以将检测到的距离按比例转换成常数、电压或电流作为一个信号输出。

1. 定义距离传感器

"距离传感器"对话框如图 2-113 所示，部分选项含义如下。

（1）选择对象　选择距离传感器所依附的刚体。如果距离传感器的位置在仿真的过程中不会发生改变，这里则不需要指定对象。

（2）指定点　指定用来测量距离的起点。

图 2-113　距离传感器对话框

（3）指定矢量　指定测量的方向。

（4）开口角度　设置测量范围的开启角度。

（5）范围　设置测量的距离。

（6）仿真过程中显示距离传感器　当距离传感器检测到其他碰撞体的时候，高亮显示碰撞传感器。

（7）标度　勾选"标度"后，将检测到的距离按比例转换成常数、电压或电流输出，如图 2-114 所示。

图 2-114　标度组

2. 动手操作——距离传感器

（1）源文件　\chapter2_4_part\DistanceSensor. prt。

（2）目标　添加距离传感器，熟悉距离传感器创建过程，理解距离传感器的仿真行为。

（3）　操作步骤

1）打开部件"DistanceSensor. prt"，如图 2-115 所示。

2）单击"主页"功能区→"机械"工具栏→"距离传感器"　　按钮，打开"距离传感器"对话框。

① 选择依附的刚体对象：Gripper，如图 2-116 所示。

动手操作——距离传感器　　图 2-115　部件"DistanceSensor"　　图 2-116　选择刚体 Gripper

② 如图 2-117 所示，选择图形上一点作为计算距离的参考点。

③ 指定矢量：打开指定轴矢量的下拉菜单，选择 $-ZC$。

④ 输入开口角度：2。

⑤ 输入范围：250。

⑥ 勾选"仿真过程中显示距离传感器" ☑。

⑦ 单击"确定"按钮。

3）打开"机电导航器"，此时添加的距离传感器显示在"传感器和执行器"文件夹下，如图 2-118 所示。

4）单击"文件"→"仿真"工具栏→"播放"按钮，此时吸盘抓手落下，当距离传感器的检测区域接触绿色物块时，距离传感器高亮显示。

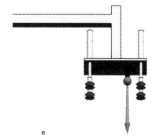

图 2-117　选择计算距离的参考点

5）单击"文件"→"仿真"工具栏→"停止"按钮，此时仿真模型复位。

6）打开序列编辑器。

① 勾选仿真序列 StopGripper ☑启用。

② 编辑仿真序列 StopGripper，将步骤2）创建的距离传感器作为仿真序列的条件，如图 2-119 所示。

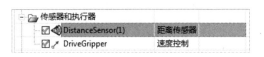

图 2-118　机电导航器

图 2-119　添加条件

③ 单击"确定"按钮。

7）单击"文件"→"仿真"工具栏→"播放"按钮，此时吸盘抓手落下，当距离传感器的检测区域接触绿色物块时，吸盘抓手减速并停在绿色物块上方。

8）单击"文件"→"仿真"工具栏→"停止"按钮，此时仿真模型复位。

2.4.3　位置传感器

在机电概念设计环境中，进入"主页"功能区→"电气"工具栏中单击"位置传感器"按钮，创建位置传感器。使用位置传感器命令将位置传感器连接到现有的运动副或者位置控制器上，位置传感器提供运动副或者位置控制的线性位置或者角度的反馈，还可以将检测到的位置或者角度按比例转换成常数、电压或电流作为一个信号输出。

1. 定义位置传感器

"位置传感器"对话框如图 2-120 所示，部分选项含义如下。

（1）选择轴　选择位置传感器所连接的运动副。如果选择的是一个圆柱副，则需要指定需要输出的轴类型（如线性或者角度）。

（2）标度　勾选"标度"后，将检测到的距离按比例转换成常数、电压或电流输出，如图 2-121 所示。

2. 动手操作——位置传感器

（1）源文件　\ chapter2 _ 4 _ part \ DistanceSensor. prt。

（2）目标　添加位置传感器，熟悉位置传感器创

图 2-120　位置传感器对话框

建过程，理解位置传感器的仿真行为。

（3）　操作步骤

1）打开部件"DistanceSensor. prt"，如图 2-122 所示。

图 2-121　标度组

图 2-122　部件"DistanceSensor"

2）单击"主页"功能区→"机械"工具栏→"位置传感器" △ 按钮，打开"位置传感器"对话框。

① 选择连接的滑动副：Gripper_SlidingJoint(1)，如图 2-123 所示。

② 单击"确定"按钮。

3）打开"机电导航器"，此时添加的位置传感器显示在"传感器和执行器"文件夹下，如图 2-124 所示。

图 2-123　选择滑动副 Gripper_SlidingJoint(1)

图 2-124　机电导航器

4）打开序列编辑器。

① 勾选仿真序列 StopGripper ☑ 启用。

② 编辑仿真序列 StopGripper，将步骤 2）创建的位置传感器作为仿真序列的条件，如图 2-125 所示。

③ 单击"确定"按钮。

5）单击"文件"→"仿真"工具栏→"播放"按钮，此时吸盘抓手落下，当滑动副的位置 < -800 的时候，吸盘抓手减速并停在绿色物块上方。

6）单击"文件"→"仿真"工具栏→"停止"按钮，此时仿真模型复位。

图 2-125　添加条件

2.4.4　速度传感器

在机电概念设计环境中，进入"主页"功能区→"电气"工具栏中单击"速度传感器"

按钮，创建速度传感器。使用速度传感器命令将速度传感器连接到现有的运动副或者速度控制上，速度传感器提供运动副或者速度控制的线速度或者角速度的反馈，还可以将检测到的速度按比例转换成常数、电压或电流作为一个信号输出。

1. 定义速度传感器

"速度传感器"对话框如图 2-126 所示，部分选项含义如下。

（1）选择轴　选择速度传感器所连接的运动副。如果选择的是一个圆柱副，则需要指定需要输出的轴类型（如线性或者角度）。

（2）标度　勾选"标度"后，将检测到的速度按比例转换成常数、电压或电流输出，如图 2-127 所示。

2. 动手操作——速度传感器

（1）源文件　\chapter2_4_part\DistanceSensor. prt。

（2）目标　添加速度传感器，熟悉速度传感器创建过程，理解速度传感器的仿真行为。

图 2-126　速度传感器对话框

（3）**操作步骤**

1）打开部件"DistanceSensor. prt"，如图 2-128 所示。

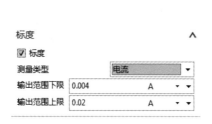

图 2-127　标度组

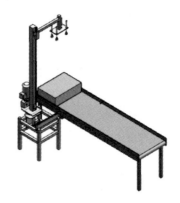

图 2-128　部件"DistanceSensor"

2）单击"主页"功能区→"机械"工具栏→"速度传感器" 按钮，打开"速度传感器"对话框。

① 选择连接的滑动副：Gripper_SlidingJoint（1），如图 2-129 所示。

② 单击"确定"按钮。

3）打开"机电导航器"，此时添加的速度传感器显示在"传感器和执行器"文件夹下，如图 2-130 所示。

图 2-129　选择滑动副 Gripper_SlidingJoint（1）

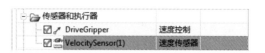

图 2-130　机电导航器

4）打开序列编辑器。

① 勾选仿真序列 StopGripper ☑启用。

② 编辑仿真序列 StopGripper，将步骤 2）创建的速度传感器作为仿真序列的条件，如图 2-131 所示。

③ 单击"确定"按钮。

5）单击"文件"→"仿真"工具栏→"播放"按钮，此时吸盘抓手落下，当滑动副的速度 < −295 的时候，吸盘抓手减速并停在绿色物块上方。

6）单击"文件"→"仿真"工具栏→"停止"按钮，此时仿真模型复位。

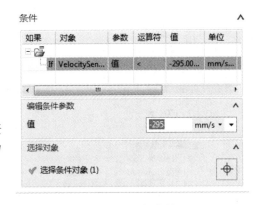

图 2-131　添加条件

2.4.5　加速度传感器

在机电概念设计环境中，进入"主页"功能区→"电气"工具栏中单击"加速度传感器"按钮，创建加速度传感器。使用加速度传感器命令将加速度传感器连接到现有的刚体上，加速度传感器提供刚体上的加速度的反馈，还可以将检测到的加速度按比例转换成常数、电压或电流作为一个信号输出。

1. 定义加速度传感器

"加速度传感器"对话框如图 2-132 所示，部分选项含义如下。

（1）选择轴　选择加速度传感器所连接的刚体。

（2）标度　勾选"标度"后，将检测到的加速度按比例转换成常数、电压或电流输出，如图 2-133 所示。

2. 动手操作——加速度传感器

（1）源文件　\chapter2_4_part\DistanceSensor.prt。

（2）目标　添加加速度传感器，熟悉加速度传感器创建过程，理解加速度传感器的仿真行为。

图 2-132　加速计对话框

（3）**操作步骤**

1）打开部件"DistanceSensor.prt"，如图 2-134 所示。

图 2-133　标度组

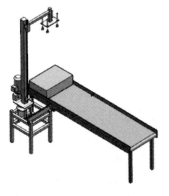

图 2-134　部件"DistanceSensor"

2）单击"主页"功能区→"机械"工具栏→"加速度传感器"  按钮，打开"加速度传感器"对话框。

① 选择需要检测的刚体：Gripper，如图 2-135 所示。

② 单击"确定"按钮。

3）打开"机电导航器"，此时添加的加速度传感器显示在"传感器和执行器"文件夹下，如图 2-136 所示。

图 2-135　选择刚体 Gripper　　　　图 2-136　机电导航器

4）添加加速度传感器到运行时察看器。选择步骤 3）中添加的加速度传感器，右击在快捷菜单中选择"添加到察看器"，如图 2-137 所示。

5）在"运行时察看器"中，检测刚体各方向的线加速度和角加速度值，如图 2-138 所示。

图 2-137　添加到察看器　　　　图 2-138　察看器的显示

6）单击"文件"→"仿真"工具栏→"播放"按钮，此时吸盘抓手落下，在"运行时导航器"中观察刚体 Gripper 加速度的变化。

7）单击"文件"→"仿真"工具栏→"停止"按钮，此时仿真模型复位。

2.5　仿真过程控制

2.5.1　仿真序列

在机电概念设计环境中，进入"主页"功能区→"自动化"工具栏中单击"仿真序列"按钮，创建仿真序列。仿真序列是机电概念设计中的控制对象，几乎可以控制 MCD 系统中的所有对象。在 MCD 定义的仿真对象中，每个对象都有一个或者多个参数，在仿真的过程中这些参数可以通过创建仿真序列在指定的时间点修改数值。通常使用仿真序列命令控制一个执行机构（如控制速度、控制目标位置），还可以控制运动副（如修改滑动副的连接件）。

此外，使用仿真序列命令还可以创建条件语句来确定何时去改变参数。

仿真序列可以实现以下功能：

1）基于时间改变 MCD 对象在仿真过程中的参数值。

2）在指定的条件下改变 MCD 对象在仿真过程中的参数值。

3）在指定的时间点暂停仿真。

4）在指定的条件下暂停仿真。

5）进行简单的数学运算如"＋＝、－＝、＊＝"。

1. 定义仿真序列

"仿真序列"对话框如图 2-139 所示，部分选项含义如下。

（1）类型

1）仿真序列选项：创建一个仿真序列来动态控制 MCD 对象。

2）暂停仿真序列选项：创建一个暂停仿真序列在特定时间或者条件下暂停仿真，用户可以利用暂停来做一些观察和测量。

（2）持续时间 设置仿真序列执行的时间。

（3）运行时参数 显示所选择的机电对象可以修改的参数。需要修改的参数要先勾上复选框，然后输入设置的值，如图 2-140 所示。

图 2-139 仿真序列对话框

图 2-140 运行时参数

使用技巧：

1）如果选择的对象关联到一个刚体上，例如选择的对象是一个固定副，那么可以重新指定刚体，或者动态地从一个碰撞传感器区域获取一个刚体。

2）如果修改的参数是一个数值或者布尔值，如速度，那么可以修改运算符来实现不同的运算效果。运算符号有以下几种：：=是覆盖之前的值；+=是添加等号后面的值；−=是减去等号后面的值；*=是乘以等号后面的值；not表示取反。

（4）条件 指定仿真序列运行的条件，这里可以选择不同的参数和运算符，同时也允许组合多个条件。参考以下示例：

① 对 MCD 参数数值添加判断条件，如图 2-141 所示。

② 对运动副所选刚体对象添加判断条件，如图 2-142 所示。

图 2-141 添加运行时参数判断条件

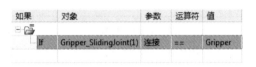

图 2-142 添加运动副连接对象判断条件

③ 多组条件组合判断，如图 2-143 所示。

2. 动手操作——仿真序列

（1）源文件 \chapter2_5_part\Operation_ok. prt。

（2）目标 添加仿真序列，熟悉仿真序列添加过程。理解仿真序列工作原理，观察在仿真序列控制下机构的仿真行为。

图 2-143 组合判断条件

（3） **操作步骤**

1）打开部件"Operation_ok. prt"，如图 2-144 所示。

2）选择"文件"→"所有应用模块"→"机电概念设计"命令。

传输面部分

➤ 当位置①没有物料时启动"传输面"命令。

3）单击"主页"功能区→"自动化"工具栏→"仿真序列" 按钮，打开"仿真序列"对话框。

① 在"机电导航器"中选择机电对象：传输面 Conveyor1，如图 2-145 所示。

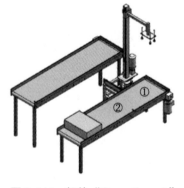

图 2-144 部件"Operation_ok"

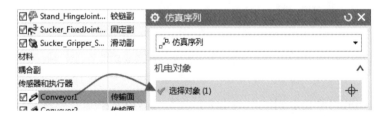

图 2-145 选择仿真序列控制对象

② 在运行时参数列表找到"平行速度",如图 2-146 所示。
- 设置:☑
- 值:300.0

图 2-146　设置平行速度

③ 在"机电导航器"中选择条件对象:碰撞传感器 DetectSensor1,如图 2-147 所示。

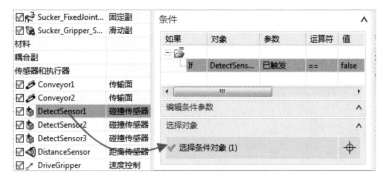

图 2-147　选择条件对象

- 参数:已触发
- 运算符:= =
- 值:false

④ 输入名称"Conveyor1_Start"。

⑤ 单击"确定"按钮。

➢ 当位置①有物料时停止"传输面"命令

4)单击"主页"→"自动化"工具栏→"仿真序列" ⬚ 按钮,打开"仿真序列"对话框。

① 在"机电导航器"中选择机电对象:传输面 Conveyor1。

② 在运行时参数列表找到"平行速度",
- 设置:☑
- 运算符:∶ =
- 值:0.0

③ 在"机电导航器"中选择条件对象:碰撞传感器 DetectSensor1。
- 参数:已触发
- 运算符:= =
- 值:true

④ 输入名称"Conveyor1_Stop"。

⑤ 单击"确定"按钮。

对象源部分

➢ 当位置②经过物料时生成下一个物料

5)打开"仿真序列"对话框。

① 在"机电导航器"中选择机电对象:对象源 CopyBox。

② 在运行时参数列表找到条件对象。

- 设置：☑
- 运算符：∶=
- 值：true

③ 在"机电导航器"中选择条件对象：碰撞传感器 DetectSensor2。

- 参数：已触发
- 运算符：==
- 值：true

④ 输入名称"NextBox"。

⑤ 单击"确定"按钮。

吸盘抓手部分

➢ 当位置①有物料时抓手下降。

6）打开"仿真序列"对话框。

① 在"机电导航器"中选择机电对象：速度控制 DriveGripper。

② 在运行时参数列表找到参数"速度"。

- 设置：☑
- 运算符：∶=
- 值：-300.0

③ 在"机电导航器"中选择条件对象：碰撞传感器 DetectSensor1。

- 参数：已触发
- 运算符：==
- 值：true

④ 在条件列表选择"跟节点"文件夹，右击在快捷菜单中选择"添加组"，并选中新添加的组，如图 2-148 所示。

⑤ 在"机电导航器"中选择条件对象：位置传感器 PositionSensor1。

- 参数：值
- 运算符：<
- 值：5.0

⑥ 再次选中新添加的组。

⑦ 在"机电导航器"中选择条件对象：位置传感器 PositionSensor2，如图 2-149 所示。

- 如果：Or
- 参数：值
- 运算符：>
- 值：355.0

⑧ 输入名称"Gripper_Down"。

⑨ 单击"确定"按钮。

➢ 当抓手接近物料时减速靠近

7）打开"仿真序列"对话框。

图 2-148　添加新的条件组

图 2-149　添加组合条件

① 在"机电导航器"中选择机电对象：速度控制 DriveGripper。

② 在运行时参数列表找到参数"速度"。

- 设置：☑
- 运算符：∶=
- 值：−60.0

③ 在机电导航器中选择条件对象：距离传感器 DistanceSensor。

- 参数：值
- 运算符：<
- 值：200.0

④ 输入名称"Gripper_Slow"。

⑤ 单击"确定"按钮。

➢ 当抓手上的吸盘紧贴物料时停止下降

8）打开"仿真序列"对话框。

① 在"机电导航器"中选择机电对象：速度控制 DriveGripper。

② 在运行时参数列表找到参数"速度"。

- 设置：☑
- 运算符：∶=
- 值：0.0。

③ 在"机电导航器"中选择条件对象：弹簧阻尼器 SpringDamper(1)。

- 参数：当前位置
- 运算符：>
- 值：30.0

④ 输入名称"Gripper_Stop"。

⑤ 单击"确定"按钮。

➢ 抓手抓住物料

9）打开"仿真序列"对话框。

① 在"机电导航器"中选择机电对象：固定副 Sucker_FixedJoint(1)。

② 在运行时参数列表找到参数"连接"。

- 设置：☑
- 运算符：∶=
- 选择触发器中的对象，从"机电对象导航器"中选择：SuckerSensor

③ 输入名称"GetBox"。

④ 单击"确定"按钮。

➢ 当抓手抓起物料上升

10）打开"仿真序列"对话框。

① 在"机电导航器"中选择机电对象：速度控制 DriveGripper。

② 在运行时参数列表找到参数"速度"。

- 设置：☑
- 运算符：∶=

- 值：200.0

③ 输入名称"Gripper_Up"。

④ 单击"确定"按钮。

➢ 当抓手上升到指定高度时停止上升

11）打开"仿真序列"对话框。

① 在"机电导航器"中选择机电对象：速度控制 DriveGripper。

② 在运行时参数列表找到参数"速度"。

- 设置：☑
- 运算符：：=
- 值：0.0

③ 在"机电导航器"中选择条件对象：位置传感器 PositionSensor1。

- 参数：值
- 运算符：>
- 值：-600.0

④ 输入名称"Gripper_Stop"。

⑤ 单击"确定"按钮。

➢ 抓手旋转180°

12）打开"仿真序列"对话框。

① 在"机电导航器"中选择机电对象：位置控制 StandPosition。

② 在运行时参数列表找到参数"定位"。

- 设置：☑
- 运算符：+ =
- 值：180.0

③ 输入名称"Rotate180"。

④ 单击"确定"按钮。

➢ 利用仿真序列做个简单的计数器

13）打开"仿真序列"对话框。

① 在"机电导航器"中选择机电对象：运行时参数 Counter。

② 在运行时参数列表找到参数 count。

- 设置：☑
- 运算符：+ =
- 值：1

③ 输入名称"Counter"。

④ 单击"确定"按钮。

➢ 抓手松开物料

14）打开"仿真序列"对话框。

① 在"机电导航器"中选择机电对象：固定副 Sucker_FixedJoint（1）。

② 在运行时参数列表找到参数"连接"。

- 设置：☑

- 运算符：：=
- 值：（null）

③ 输入名称 "ReleaseBox"。

④ 单击 "确定" 按钮。

➤ 抓手旋转 180°

15）打开 "仿真序列" 对话框。

① 在 "机电导航器" 中选择机电对象：位置控制 StandPosition。

② 在运行时参数列表找到参数 "定位"。

- 设置：☑
- 运算符：+ =
- 值：180.0

③ 输入名称 "Rotate180"。

④ 单击 "确定" 按钮。

16）打开 "序列编辑器" 框，在图形区选中仿真序列 Gripper_Down 的条状图形，按住鼠标左键不要松开，移动鼠标到仿真序列 Gripper_Slow 的条状图形上，此时松开鼠标。在两个仿真序列之间会创建一个链接器，且第二个仿真序列的起始时间为第一个仿真序列的结束时间，如图 2-150 所示。

图 2-150　建立链接器

17）依次将后续的仿真序列通过链接器连接起来，如图 2-151 所示。

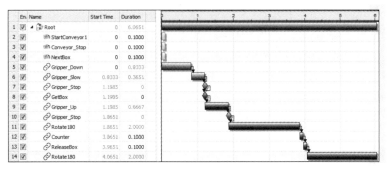

图 2-151　链接后续的仿真序列

18）单击 "文件"→"仿真" 工具栏→"播放" 按钮，此时物料在传送面 1 上自左向右移动，当到达位置②时，新的物料生成。到达位置①时，传送面 1 停止，且同时抓手下降，当抓手上传感器检查到物料时，抓手减速下降。当抓手上的吸盘紧贴物料，抓手停止运动。此时抓手抓住物料并上升到指定位置，抓手机构旋转到传送面 2 区域，抓手松开物料，转回传送面 1 的位置，进入后续动作。将运行时参数 Counter 加到运行时查看器，可以看到当前抓手抓取物料的数量。

19）单击 "文件"→"仿真" 工具栏→"停止" 按钮，仿真模型复位。

2.5.2 运行时表达式

在机电概念设计环境中，进入"主页"功能区→"机械"工具栏中单击"运行时表达式"按钮，创建运行时表达式。运行时表达式命令用于创建仿真过程中用于定义某些特征的算术或者条件公式。

运行时表达式可以实现以下功能：

1）在仿真过程中为两个运行时参数建立数学关系，例如将轴 1 速度扩大两倍赋值给轴 2。

2）在仿真过程中建立的数学函数运算，例如取最大、最小值。

3）建立条件语句赋值。

4）运行时表达式所创建的对象将会放置在运行时表达式导航器中，如图 2-152 所示。

名称	参数	公式	数据类型	单位
☑ RuntimeExpression_1	X.speed	100*sin(a/100)	double	mm/sec
☑ RuntimeExpression_2	Y.speed	100*cos(a/100)	double	mm/sec
☑ RuntimeExpression_3	RuntimeParameter(1).a	a+1	int	
☑ RuntimeExpression_4	Z.speed	100*sin(a/100)	double	mm/sec

图 2-152　运行时表达式导航器

1. 定义运行时表达式

"运行时表达式"对话框如图 2-153 所示，部分选项含义如下。

（1）要赋值的参数　选择需要赋值的对象，并在属性列表中选择需要赋值的参数。例如选择一个速度控制链接，此时属性列表中列出了可改的参数，如图 2-154 所示。

图 2-153　运行时表达式对话框

图 2-154　属性列表

（2）输入参数　选择输入对象并选择输入对象的参数名称，单击"添加参数"，则输入参数会添加到参数列表中。这里参数可以多次添加。

（3）表达式

1）表达式名称：创建运行时表达式的名称。

2）公式：输入表达式的公式，这里的公式可以使用输入参数列表和系统表达式的参数。

2. 动手操作——运行时表达式

（1）源文件　\chapter2_5_part_21-5axis_xyzac_nx85. prt。

（2）目标　添加运动表达式，通过公式建立运行时参数的数学关系，观察并理解在运行时表达式控制下的机构仿真行为。

（3）　操作步骤

1）打开部件"_21-5axis_xyzac_nx85. prt"。

2）选择"文件"→"所有应用模块"→"机电概念设计"命令。

3）单击"主页"功能区→"机械"工具栏→"运行时表达式" _f(x)_ 按钮，打开"运行时表达式"对话框。

动手操作——
运行时表达式

① 指定要赋值的参数，在"机电导航器"中选择机电对象：运行时参数 flag，如图 2-155 所示。

属性：a

图 2-155　选择要赋值的参数

② 指定输入参数，在"机电导航器"中选择机电对象：运行时参数 flag。

参数名称：a

a. 单击"添加参数"按钮，此时参数列表中会增加一行，如图 2-156 所示。

b. 在"别名"列，双击 flag 修改别名为 a，如图 2-157 所示。

别名	对象	参数	数据类型	单位
flag	flag	a	整型	

图 2-156　添加参数

别名	对象	参数	数据类型	单位
a	flag	a	整型	

图 2-157　修改别名

③ 输入公式：a+1。

④ 单击"确定"按钮。

4）打开"运行时表达式"导航器，第三步创建的运行时表达式显示在这个导航器中，如图 2-158 所示。

5）打开"运行时表达式"对话框。

① 指定要赋值的参数，在"机电导航器"中选择机电对象：速度控制 X-Speed。

属性：speed

图 2-158　运行时表达式导航器

② 指定输入参数，在"机电导航器"中选择机电对象：运行时参数 flag。

参数名称：a

a. 单击"添加参数"按钮，此时参数列表中会增加一行，如图 2-159 所示。

b. 在"别名"列，双击 flag 修改别名为 a，如图 2-160 所示。

图 2-159　添加参数　　　　　　　　　　图 2-160　修改别名

③ 输入公式：factor ∗ cos（a/100）。

💡 **注意：**

1）这里 factor 为系统表达式，可在"工具"→"实用工具"→"表达式"中查看。

2）cos 为余弦函数。

④ 单击"确定"按钮。

6）打开"运行时表达式"对话框。

① 指定要赋值的参数，在"机电导航器"中选择机电对象：速度控制 Y-Speed。

属性：speed

② 指定输入参数，在"机电导航器"中选择机电对象：运行时参数 flag。

参数名称：a

a. 单击"添加参数"按钮，此时参数列表中会增加一行，如图 2-161 所示。

b. 在"别名"列，双击 flag 修改别名为 a，如图 2-162 所示。

图 2-161　添加参数

图 2-162　修改别名

③ 输入公式：-factor ∗ sin(a/100)。

💡 **注意：**

1）这里 factor 为系统表达式，可在"工具"→"实用工具"→"表达式"中查看。

2）sin 为正弦函数。

④ 单击"确定"按钮。

7）单击"播放"按钮，此时模型刀具部分沿 X 轴和 Y 轴做差补圆周运动。

8）单击"停止"按钮，此时仿真模型复位。

2.6　仿真结果输出

2.6.1　仿真数据导出

在机电概念设计环境中，进入资源条→"运行时察看器"中可以查看、修改、录制和输出机电对象的属性值。

1. 定义运行时察看器

"运行时察看器"对话框如图 2-163 所示，部分选项含义如下。

（1）察看器　添加机电对象至察看器，察看器会将对象的所有属性都罗列出来。对于 int（整型）或者 double（浮点型）值，用户可以完成以下工作：勾选"图"进行图形绘制；"导出"将数值记录并输出为外部文件；"录制"将数值记录在内存中，当仿真结束后绘制出变化曲线。

（2）图　显示勾选"图"参数的图形。

（3）快照　存储在仿真过程中，对某一时刻建立的临时副本。在仿真结束后可以从快照列表中选择其中一个快照恢复到建立快照时的状态。

2. 动手操作——仿真数据导出

（1）源文件　\chapter2_6_part_21-5axis_xyzac_nx85_ok. prt。

（2）目标　添加传输面，并观察传输面仿真行为。

（3）　操作步骤

仿真数据导出

1）打开部件"_21-5axis_xyzac_nx85_ok. prt"，如图 2-164 所示。

图 2-163　导出仿真数据

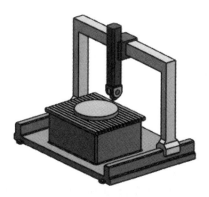

图 2-164　部件"_21-5axis_xyzac_nx85_ok"

2）打开"机电导航器"，选择"滑动副 X-axis"和"Y-axis"，单击鼠标右键，在快捷菜单选择"添加到察看器"。

3）将 X-axis 和 Y-axis 参数定位的"图"和"导出"项勾选上，如图 2-165 所示。

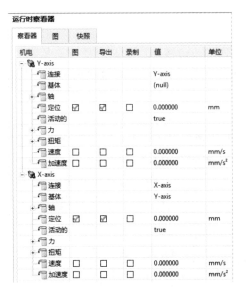

图 2-165　运行时察看器-察看器页

4）单击"文件"→"仿真"工具栏→"播放"按钮，此时打开"运行时察看器-图"页，X-axis 的位置和 Y-axis 的位置通过时间-位置曲线方式实时显示，如图 2-166 所示。

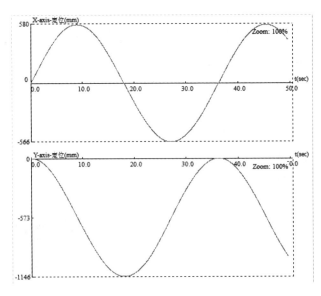

图 2-166　运行时察看器-图页

5）单击"文件"→"仿真"工具栏→"停止"按钮，仿真模型复位。在"运行时察看器-察看器"页底部指定输出文件，例如"c:\temp\output.csv"，单击"导出至 CSV"按钮。

6）打开"c:\temp\output.csv"，观察 X-axis 和 Y-axis 的位置信息。

2.6.2 轨迹生成器

在机电概念设计环境中，进入"主页"功能区→"机械"工具栏中单击"轨迹生成器"
按钮，创建轨迹生成器用来记录刚体运行的轨迹。在
仿真模拟的过程中，轨迹生成器用来记录刚体上某个
参考点的运动轨迹。创建完轨迹生成器后开始仿真，
当刚体穿过想要跟踪的区域之后，停止模拟，这时候
在图形窗口中显示该参考点的路径，并在部件导航器
中创建样条线。

图 2-167 轨迹生成器对话框

1. 定义轨迹生成器

"轨迹生成器"对话框如图 2-167 所示，部分选
项含义如下。

（1）选择对象 选择记录轨迹的刚体对象。

（2）指定点 指定刚体运动轨迹的参考点。

（3）追踪率 设置采样频率。

> **注意：**
> 不能将对象源拷贝的刚体做为轨迹生成器的对象。

2. 动手操作——轨迹生成器

（1）源文件 \chapter2_6_part_21-5axis_xyzac_nx85_ok. prt。

（2）目标 添加轨迹生成器，理解轨迹生成器工作原理。运行仿真，并观察轨迹生成
器的输出结果。

（3） 操作步骤

1）打开部件"_21-5axis_xyzac_nx85_
ok. prt"，如图 2-168 所示。

2）选择"文件"→"所有应用模块"→
"机电概念设计"命令。

3）单击"主页"功能区→"机械"工具
栏→"轨迹生成器" 按钮，打开"轨迹生
成器"对话框。

① 选择记录轨迹的刚体：A-axis。

② 指定点：选择刀具端面的圆心，如
图 2-169 所示。

③ 追踪率：0.01s。

④ 单击"确定"按钮。

4）单击"播放"按钮，等待20s。

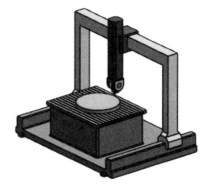

图 2-168 部件 "_21-5axis_xyzac_nx85_ok"

5）单击"停止"按钮，此时在模型中会出现一条样条线，这条样条线就是步骤3）中
指定的点的轨迹，图 2-170 所示为刀具端面的圆心运动轨迹。

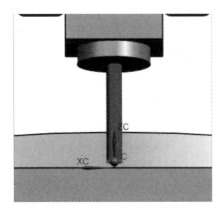

图 2-169　选择刀具端面的圆心

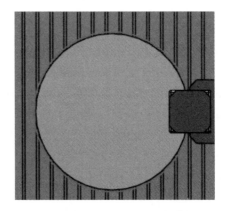

图 2-170　刀具端面的圆心运动轨迹

第 3 章

精通运动仿真

【内容提要】

　　本章对 MCD 高级功能进行介绍，包括对象变换和代理；更多的运动副，例如：螺旋副，平面副，路径约束；更多的耦合副，例如：电子凸轮；一些高级的约束，例如：各种弹簧副；更多的驱动，例如：力驱动，气动和液动系统的支持；更多的传感器，例如：倾角传感器，限位开关。基于这些对象，用户可以简化机构定义流程或者复杂的机构设备。

【本章目标】

　　在本章中，将学习：

　　1）高级对象，包括对象变换器和代理对象。

　　2）运动副，包括螺旋副、平面副、点在线上副、线在线上副、路径约束运动副和链运动副。

　　3）耦合副，包括凸轮曲线、电子凸轮和 3 联接耦合副。

　　4）约束对象，包括断开约束、角度弹簧副、线性弹簧副、角度限制副和线性限制副。

　　5）驱动，包括力/扭矩控制、液压缸和液压阀控制、气缸和气动阀控制。

　　6）传感器，包括倾角传感器、通用传感器、限位开关和继电器。

　　7）仿真过程控制对象，包括表达式块、读写设备、显示更改器、对齐体和动态对象实例化。

3.1　高级对象

3.1.1　对象变换器

　　在机电概念设计环境中，进入"主页"功能区→"机械"工具栏中单击"对象变换器"按钮，创建对象变换器。使用对象转换器命令可以将一个刚体转换为另一个刚体，使用碰撞传感器触发交换动作。将此命令与对象源结合使用，可以更改装配线中的刚体，以改变质量、惯性特性和重复几何的物理模型。例如，使用它来模拟加工生产线某个工作站的组件更改。

1. 定义对象变换器

"对象变换器"对话框如图 3-1 所示，部分选项含义如下。

图 3-1　对象变换器对话框

（1）变换源

1）"任意"选项：条件满足的任意刚体都会替换。

2）"仅选定的"选项：仅选定的刚体在条件满足下发生替换。

（2）变换为　选择替换的刚体对象。

"每次激活时执行一次"复选框：勾选上表示激活对象变换器后只执行一次，不勾选表示条件满足即执行。

2. 动手操作——对象变换器

（1）源文件　\chapter3_1_part\Press_unit. prt。

（2）目标　添加对象变换器，熟悉对象变换器的创建过程，并理解对象变换器的仿真行为。

（3）　操作步骤

1）打开部件 "Press_unit. prt"，如图 3-2 所示。

2）选择 "文件"→"所有应用模块"→"机电概念设计" 命令。

3）单击 "主页" 功能区→"机械" 工具栏→"对象变换器" 按钮，打开 "对象变换器" 对话框。

① 在 "机电导航器" 中选择一个或者多个碰撞传感器作为对象变换器触发条件，例如：Collision Sensor（3）。

② 设置变换源为 "任意"。

③ 指定变换之后的刚体对象，例如：Workpiece2。

④ 输入名称 "ObjectTransformer"。

⑤ 单击"确定"按钮。

4）打开"机电导航器"，此时添加的刚体显示在"基本机电对象"文件夹下，如图 3-3 所示。

图 3-2　部件"Press_unit"

图 3-3　机电导航器

5）单击"文件"→"仿真"工具栏→"播放"按钮，当 Workpiece 被印刷的时候，对象变换器开始作用，替换成带有文字的刚体。

6）单击"文件"→"仿真"工具栏→"停止"按钮，此时模型复位。

3.1.2　代理对象

在机电概念设计环境中，进入"主页"功能区→"机械"工具栏中单击"代理对象"按钮，创建代理对象。使用代理对象命令可以创建可重用的、功能型的更高级别物理对象。例如，将执行器实例多次添加到模型中，每个执行器实例具有不同的依附对象和参数值。

代理对象在上下文设计中使用，作为连接不同装配层中 MCD 对象的桥梁。通常会在以下几个场景中使用代理对象：

1）组件中的运动副需要选择其他装配层的刚体对象。

2）相同的组件在装配中具有不同的运动参数。

3）点在线上副或线在线上副需要选择其他装配层的曲线。

代理对象包含几何体和运行时参数属性。将包含代理对象的组件添加到装配中后，可以为代理对象指定依附刚体和修改运行时参数值。在指定依附刚体或者修改运行时参数值后，将在父装配级别创建同名的代理对象实例。更新后的运行时参数值仅显示在装配层的代理对象中，代理对象的几何体在仿真过程中与装配层中依附刚体合并，并一起运动。

1. 定义代理对象

创建代理对象对话框如图 3-4 所示，部分选项含义如下。

添加布尔型、整型或双精度型参数。

几何单元用于指定代理对象包含的几何体或者曲线。

装配层编辑代理对象实例对话框如图 3-5 所示，部分选项含义如下。

连接件用于选择代理对象依附的刚体，即代理对象中的几何体依附在刚体上，并且在仿真过程中几何体与刚体一起运动。

图 3-4 代理对象对话框   图 3-5 代理对象实例对话框

2. 动手操作——代理对象

（1）源文件 \chapter3_1_part\Spindle_ProxyObject. prt。

（2）目标 在装配上下文添加、管理代理对象，熟悉代理对象的创建过程、代理对象实例的编辑过程，并理解代理对象在装配上下文设计中的仿真行为。

（3） 操作步骤

1）打开部件"Spindle_ProxyObject. prt"。

2）选择"文件"→"所有应用模块"→"机电概念设计"命令。

动手操作——
代理对象

3）将部件"27_Motor"设置为工作部件。如图 3-6 所示，打开"装配导航器"，找到节点"27_Motor"，右击在快捷菜单中选择"设为工作部件"。

4）单击"主页"功能区→"机械"工具栏→"代理对象" ·×◆× 按钮，打开"代理对象"对话框。

① 在图形窗口中选择需要定义碰撞体的对象，如图 3-7 所示的高亮部分。

② 输入名称"MotorBase"。

③ 单击"确定"按钮。

5）打开"代理对象"对话框，继续创建第二个代理对象。

① 添加参数。

● 输入参数名称"Speed"

● 选择类型：双精度型

图 3-6 设置为工作部件

- 量纲：角速度
- 值：0.0 degrees/sec
- 单击"确定"  按钮

② 在图形窗口中选择需要定义碰撞体的对象，如图 3-8 所示高亮部分。

图 3-7　选择高亮部分（一）　　　　图 3-8　选择高亮部分（二）

③ 输入名称"Spindle"。

④ 单击"确定"按钮。

6）打开"机电导航器"，此时添加的代理对象显示在"基本机电对象"文件夹中，如图 3-9 所示。

7）单击"文件"→"机械"工具栏→"运行时表达式" $f(x)$ 按钮，将代理对象 Spindle 参数"Speed"赋值给速度控制"Motor_Speed"。

① 选择要赋值的参数：Motor_Speed。

- 选择属性：速度

② 选择输入参数：Spindle。

- 选择参数名称：Speed

③ 单击"添加参数"按钮。

④ 在表达式组中输入公式：Spindle_1。

⑤ 单击"确定"按钮。

8）在"机电导航器"中选择"Motor_Hinge"，右击在快捷菜单选择"编辑"，如图 3-10 所示。

① 指定连接件：Spindle。

② 指定基本件：Motor_base。

③ 单击"确定"按钮。

9）将部件"27_motor_assem"设置为工作部件。如图 3-11 所示，打开"装配导航器"，找到节点"27_Motor_assem"，右击在快捷菜单中选择"设为工作部件"。

机电导航器		
名称 ▲	类型	所有者组件
☐ 基本机电对象		
☑ Motor_base	代理对象	
☑ Spindle	代理对象	
☐ 运动副和约束		
☑ Motor_Hinge	铰链副	
☐ 材料		
☐ 耦合副		

图 3-9　机电导航器

图 3-10　编辑铰链副

图 3-11　设为工作部件

10）在"机电导航器"中选择代理对象"Spindle_1"，右击在快捷菜单中选择"编辑"，如图 3-12 所示。

① 选择连接件对象：Rigidbody(1)_1。

② 单击"确定"按钮。

11）将装配"27- PorxyObject_nx85"设置为工作部件。如图 3-13 所示，打开"装配导航器"，找到根节点"Spindle_ProxyObject"，右击在快捷菜单中选择"设为工作部件"。

图 3-12　编辑代理对象

图 3-13　设为工作部件

12）在"机电导航器"中选择代理对象"Motor_base_1"，右击在快捷菜单中选择"编辑"，如图 3-14 所示。

① 选择连接件对象：Revolver_1。

② 单击"确定"按钮。

13）在"机电导航器"中依次编辑代理对象"Motor_base_2"~"Motor_base_5"。

① 选择连接件对象：Revolver_1。

② 单击"确定"按钮。

14）在"机电导航器"中选择代理对象

图 3-14　编辑

"Spindle_1"，右击在快捷菜单中选择"编辑"，如图 3-15 所示。

① 设置 Speed 值为 10.0。

② 单击"确定"按钮。

15）在"机电导航器"中依次编辑代理对象"Spindle_2"~"Spindle_5"。

① 设置 Speed 值为 50、100、200、360。

② 单击"确定"按钮。

16）单击"文件"→"仿真"工具栏→"播放"按钮，此时可以看到 motor 固定在了 revolver 上，并且 5 个 motor 以不同的速度进行旋转。

17）单击"文件"→"仿真"工具栏→"停止"按钮，此时模型复位。

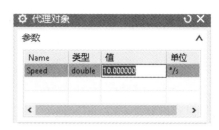

图 3-15　编辑参数 Speed

3.2　运动副

3.2.1　螺旋副

在机电概念设计环境中，进入"主页"功能区→"机械"工具栏中单击"螺旋副"按钮，创建螺旋副。螺纹副是指利用螺纹旋合实现的一种机械联接，用于联接零件和实现传动。螺旋副连接的零件之间的相互运动称为螺纹运动，自由度为 1。

> **注意：螺旋副与柱面副的区别**
> 1）螺旋副自由度为 1，柱面副自由度为 2。
> 2）螺旋副的基本件旋转一圈，连接件沿轴线方向移动一段距离，且此距离恒定，由螺距决定。柱面副基本件旋转一圈，连接件沿轴线方向可以移动也可以不移动，且移动距离不恒定。

1. 定义螺旋副

"螺旋副"对话框如图 3-16 所示，部分选项含义如下。

（1）选择连接件　选择需要被螺旋副约束的刚体。

（2）选择基本件　选择连接件所依附的刚体。如果基本件参数为空，则代表连接件和地面连接。

（3）螺距　用于指定连接件相对于基本件旋转一周所移动的轴向位移。

2. 动手操作——螺旋副

（1）源文件　\chapter3_2_part\ScrewJoint.prt。

（2）目标　添加螺旋副，熟悉螺旋副的创建过程，并理解螺旋副的仿真行为。

（3）操作步骤

1）打开部件"ScrewJoint.prt"，如图 3-17 所示。

2）单击"文件"→"仿真"工具栏→"播放"按钮，此时模型中添加了刚体的几何体在重力作用下沿

图 3-16　螺旋副对话框

Z 轴负方向落下。

3）单击"主页"功能区→"机械"工具栏→"螺旋副"  按钮，打开"螺旋副"对话框。

① 选择连接件，在图形窗口或者"机电导航器"中选择螺旋副的连接件：Clamp_screw，如图 3-18 所示。

② 选择基本件，在图形窗口或者"机电导航器"中选择螺旋副的基本件：Table_base，如图 3-19 所示。

③ 指定轴矢量：打开指定轴矢量的下拉菜单，选择 XC。

④ 指定锚点：选择图 3-20 所示圆心。

⑤ 指定螺距：1.25mm。

⑥ 单击"确定"按钮。

图 3-17　部件"ScrewJoint"

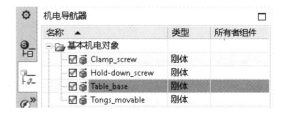

图 3-18　选择刚体"Clamp_screw"　　图 3-19　选择刚体"Table_base"

4）打开"机电导航器"，此时添加的螺旋副显示在"运动副和约束"文件夹下，如图 3-21 所示。

5）继续添加螺旋副，单击"主页"功能区→"机械"工具栏→"螺旋副" 按钮，打开"螺旋副"对话框。

① 选择连接件，在图形窗口或者"机电导航器"中选择螺旋副的连接件：Hold-down_screw，如图 3-22 所示。

② 选择基本件，在图形窗口或者"机电导航器"中选择螺旋副的基本件：Table_base，如图 3-23 所示。

选择圆心作为锚

图 3-20　选择圆心作为锚点

图 3-21　机电导航器

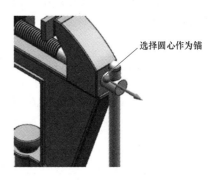

图 3-22　选择刚体"Hold-down_screw"

③ 指定轴矢量：打开指定轴矢量的下拉菜单，选择 ZC。

④ 指定锚点：选择图 3-24 所示圆心。

图 3-23 选择刚体"Table_base"

选择圆心作为锚点

图 3-24 选择圆心作为锚点

⑤ 指定螺距：1.25mm。

⑥ 单击"确定"按钮。

6）打开"机电导航器"，此时添加的螺旋副显示在"运动副和约束"文件夹下，如图 3-25 所示。

图 3-25 机电导航器

7）单击"文件"→"仿真"工具栏→"播放"按钮，此时其中一个添加了螺旋副的刚体在重力的作用下一边旋转一边下降。另一个添加了螺旋副的刚体在用鼠标拖动时可以沿着 XC 轴旋转并移动。

8）单击"文件"→"仿真"工具栏→"停止"按钮，此时仿真模型复位。

9）打开进入"主页"功能区→"电气"工具栏→"速度控制" 📐 按钮，打开"速度控制"对话框。

① 在图形窗口或者"机电导航器"中选择步骤 5）中创建的螺旋副：Clamp_screw_Tongs_movable_ScrewJoint（1），如图 3-26 所示。

② 设置轴类型为角度。

③ 输入速度：30°/s。

④ 输入名称"Driver1"。

⑤ 单击"确定"按钮。

10）单击"主页"功能区→"电气"工具栏→"速度控制" 📐 按钮，打开"速度控制"对话框。

图 3-26 选择螺旋副"Clamp_screw_Tongs_movable_ScrewJoint（1）"

① 在图形窗口或者"机电导航器"中选择步骤 3）中创建的螺旋副：Hold-down_screw_Table_base_ScrewJoint（1），如图 3-27 所示。

② 设置轴类型为线性。

③ 输入速度：2mm/s。

④ 输入名称"Driver2"。

⑤ 单击"确定"按钮。

11）单击"文件"→"仿真"工具栏→"播放"

图 3-27 选择螺旋副"Hold-down_screw_Table_base_ScrewJoint（1）"

按钮，此时添加了螺旋副的刚体在速度控制的驱动下开始旋转并且沿轴移动。

12）单击"文件"→"仿真"工具栏→"停止"按钮，此时仿真模型复位。

3.2.2 平面副

在机电概念设计环境中，进入"主页"功能区→"机械"工具栏中单击"平面副"按钮，创建平面副。使用平面副连接对象，使它们能够在保持接触的同时自由地相对滑动和旋转。

在机电概念设计中，用户不可以为平面副添加执行器，例如速度控制或者位置控制。

1. 定义平面副

"平面副"对话框如图3-28所示，分选项含义如下。

（1）选择连接件　选择需要被平面副约束的刚体。

（2）选择基本件　选择连接件所依附的刚体。如果基本件参数为空，则代表连接件和地面连接。

（3）法向轴　指定一个垂直于连接两个刚体的平面的向量。

2. 动手操作——平面副

（1）源文件　\chapter3_2_part_asm_planar. prt。

（2）目标　添加平面副，熟悉平面副的创建过程，并理解平面副的仿真行为。

（3） 操作步骤

1）打开部件"_asm_planar. prt"，如图3-29所示。

2）单击"文件"→"仿真"工具栏→"播放"按钮，此时在碰撞体的作用下，方块、圆柱体和圆锥体被拨杆

图 3-28　平面副对话框

推动，且圆柱倒在平面上。通过鼠标可以拖动方块、圆柱体或者圆锥体。

3）单击"主页"功能区→"机械"工具栏→"平面副" 按钮，打开"平面副"对话框。

① 选择连接件，在图形窗口或者"机电导航器"中选择需要添加平面副约束的刚体：Cylinder。

图 3-29　部件"_asm_planar"

图 3-30　选择刚体 Cylinder

② 指定轴矢量：打开指定轴矢量的下拉菜单，选择 ZC。

③ 单击"确定"按钮。

4）打开"机电导航器"，此时添加的平面副显示在"运动副和约束"文件夹下，如图 3-31 所示。

图 3-31　机电导航器

5）单击"文件"→"仿真"工具栏→"播放"按钮，此时在碰撞体的作用下，方块、圆柱体和圆锥体被拨杆推动，且圆柱不会倒在平面上。通过鼠标可以拖动圆柱体，但是不能离开所在平面。

6）单击"文件"→"仿真"工具栏→"停止"按钮，此时仿真模型复位。

3.2.3　点在线上副

在机电概念设计环境中，进入"主页"功能区→"机械"工具栏中单击"点在线上副"按钮，创建点在线上副。使用点在线上副命令可以在两个体之间创建运动副。点在线上副约束了两个自由度，包含指定的锚点的连接件可以在曲线上滚动和滑动，但是阻止了该连接件的脱离曲线运动。

在机电概念设计中，用户可以为点在线上副指定执行器，例如速度控制或者位置控制。

1. 定义点在线上副

"点在线上副"对话框如图 3-32 所示，部分选项含义如下。

（1）选择连接件　选择需要被点在线上副约束的刚体。

图 3-32　点在线上副对话框

（2）选择曲线或代理对象　选择连接件运动的导向曲线或者代理对象。

（3）指定零位置点　指定连接件相对导向曲线运动的参考零点。

（4）偏置　在模拟仿真还没有开始前，设置连接件的起点偏置距离。

2. 动手操作——点在线上副

（1）源文件　\chapter3_2_part\018_6_probe_follower_assy. prt。

（2）目标　添加点在线上副，熟悉点在线上副的创建过程，并理解点在线上副的仿真行为。

（3）操作步骤

1）打开部件"018_6_probe_follower_assy. prt"，如图 3-33 所示。

2）单击"文件"→"仿真"工具栏→"播放"按钮，此时在重力作用下，摆动连杆会落下。

3）单击"主页"功能区→"机械"工具栏→"点在线上副" 按钮，打开"点在线上副"对话框。

动手操作——
点在线上副

图 3-33　部件"018_6_probe_
follower_assy"

① 选择连接件，在图形窗口或者"机电导航器"中选择需要添加点在线上副约束的刚体：probe，如图 3-34 所示。

② 选择曲线：在图形区选择样条曲线，如图 3-35 所示。

图 3-34　选择刚体"probe"　　　　　　　图 3-35　选择样条曲线

③ 指定锚点：选择图 3-36 所示圆心。

④ 单击"确定"按钮。

4）打开"机电导航器"，此时添加的点在线上副显示在"运动副和约束"文件夹下。

图 3-36　选择圆心作为锚点　　　　　　　图 3-37　机电导航器

5）单击"文件"→"仿真"工具栏→"播放"按钮，此时连杆机构开始沿着曲线运动，并且绿色连杆始终在红色线上运动。

6）单击"文件"→"仿真"工具栏→"停止"按钮，此时仿真模型复位。

3.2.4　线在线上副

在机电概念设计环境中，进入"主页"功能区→"机械"工具栏中单击"线在线上副"按钮，创建线在线上副。使用线在线上副命令可为刚体创建一个关节，该刚体沿着具有单个交点的引导曲线移动，用于模拟物体沿曲线滚动或滑动。

1. 定义线在线上副

"线在线上副"对话框如图 3-38 所示，部分选项含义如下。

（1）选择连接件　选择需要被线在线上副约束的刚体。

（2）曲线 1　选择连接件上的一个参考曲线。

（3）曲线 2　选择指引连接件运动的导向曲线或者代理对象。

（4）指定零位置点　指定连接件相对导向曲线运动的参考零点。

（5）偏置　在模拟仿真还没有开始前，设置连接件的起点偏置距离。

图 3-38　线在线上副对话框

💡 **使用技巧：**

1）在机电概念设计中，线在线上副不可以添加驱动，一般通过重力或者刚体上的其他约束发起运动。

2）线在线上副所选择的曲线 1 和曲线 2 需要有交点，并且只有唯一交点。

2. 动手操作——线在线上副

（1）源文件　\chapter3_2_part_08_CurveOnCurve_nx12. prt。

（2）目标　添加线在线上副，熟悉线在线上副的创建过程，并理解线在线上副的仿真行为。

（3）　操作步骤

1）打开部件 "_08_CurveOnCurve_nx12. prt"，如图 3-39 所示。

2）单击 "文件"→"仿真" 工具栏→"播放" 按钮，此时在重力作用下，刚体 Slider 会落下，刚体 Cam 在速度控制驱动下恒速旋转。

3）单击 "主页" 功能区→"机械" 工具栏→"线在线上副" 按钮，打开 "线在线上副" 对话框。

① 选择连接件，在图形窗口或者 "机电导航器" 中选择需要添加球副约束的刚体：Cam，如图 3-40 所示。

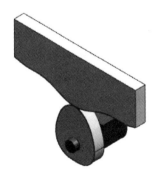

图 3-39　部件 "_08_CurveOnCurve_nx12"

图 3-40　选择刚体 Cam

② 选择曲线 1，从连接件所选择的刚体 Cam 上选择图 3-41 所示曲线。

③ 选择曲线 2，从图形区选择图 3-41 所示曲线，注意该曲线在刚体 Slider2 中。

④ 指定零位置点为曲线 1 和曲线 2 的交点，如图 3-42 所示。

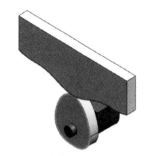

图 3-41　选择刚体 Cam 上的边　　　　图 3-42　选择交点

⑤ 勾选"滑动"选项☑。

⑥ 单击"确定"按钮。

4）打开"机电导航器"，此时添加的线在线上副显示在"运动副和约束"文件夹下，如图 3-43 所示。

图 3-43　机电导航器

5）单击"文件"→"仿真"工具栏→"播放"按钮，此时刚体 Cam 的转动带动刚体 Slider 做上下移动，并且刚体 Cam 和刚体 Slider 之间一直保持一点连接。

6）单击"文件"→"仿真"工具栏→"停止"按钮，此时仿真模型复位。

3.2.5　路径约束运动副

在机电概念设计环境中，进入"主页"功能区→"机械"工具栏中单击"路径约束运动副"按钮，创建路径约束运动副。使用路径约束运动副命令，可基于所需的方向和位置来限制刚体的空间运动，可以仿真部件的空间移动。

1. 定义路径约束运动副

"路径约束"对话框如图 3-44 所示，部分选项含义如下。

（1）选择连接件　选择需要被固定副约束的刚体。

（2）路径类型

1）基于坐标系：添加刚体运动过程中的姿态位置，并通过直线或者样条拟合出姿态位置之间的运动路径。

2）基于曲线：选择运动路径，并添加运动路径上的姿态。

3）指定方位：指定通过点的坐标方位。

4）指定拟合类型：直线和样条。

5）相对路径参数：指定运动到该方位的路径参数。

6）添加新集：添加一个新的方位和路径参数至列表。

7）指定零位置点：指定连接件相对导向路径的参考零点。

图 3-44　路径约束对话框

2. 动手操作——路径约束运动副

（1）源文件　\chapter3_2_part\020_1_pathConstraint. prt。

（2）目标　添加路径约束运动副，熟悉路径约束运动副的创建过程，并理解路径约束运动副的仿真行为。

（3）| 操作步骤 |

1）打开部件"020_1_pathConstraint. prt"，如图 3-45 所示。

2）单击"文件"→"仿真"工具栏→"播放"按钮，此时在重力作用下，刚体部分会落下。

3）单击"主页"功能区→"机械"工具栏→"路径约束" 🧲 按钮，打开"路径约束"对话框。

① 选择连接件，在图形窗口或者"机电导航器"中选择需要添加球副约束的刚体：workpiece_1。

② 指定路径类型：基于坐标系。

③ 单击"添加新集" ➕ 按钮。

④ 打开指定方位的下拉菜单，选择"自动判断" 🧲 ，并在屏幕中选择图 3-46 所示坐标系。

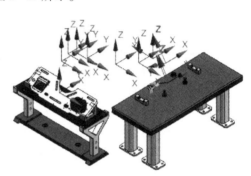

图 3-45　部件"020_1_pathConstraint"

⑤ 指定曲线类型：样条。

⑥ 重复单击"添加新集" ➕ 按钮，将剩下的坐标系依次加入到路径列表中。

图 3-46　选择坐标系

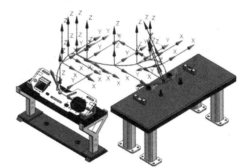

图 3-47　添加余下坐标系

⑦ 单击"确定"按钮。

4）打开"机电导航器"，此时添加的路径约束显示在"运动副和约束"文件夹下，如图 3-48 所示。

图 3-48　机电导航器

5）单击"文件"→"仿真"工具栏→"播放"按钮，此时刚体不再落下。

6）单击"主页"功能区→"电气"工具栏→"速度控制" 🖊 按钮，打开"速度控制"对话框。

① 在图形窗口或者"机电导航器"中选择步骤 3）中创建的路径约束：workpiece_1_PathConstraintJoint(1)。

② 设置轴类型：角度。

③ 输入速度：5°/s。

④ 输入名称"Driver1"。

⑤ 单击"确定"按钮。

7）单击"文件"→"仿真"工具栏→"播放"按钮，此时刚体 workpiece_1 在速度控制的驱动下依次经过路径约束指定的方位，并在终点位置停止。

8）单击"文件"→"仿真"工具栏→"停止"按钮，此时仿真模型复位。

3.2.6 链运动副

在机电概念设计环境中，进入"主页"功能区→"机械组"工具栏中单击"链运动副"按钮，有规律地批量创建铰链副来连接刚体。在创建链运动副的时候，必须使用组件中的现有点作为运动副的锚点，这样铰链副批量创建时将使用各个组件中相同的点作为运动副的锚点。

当创建链运动副时，连杆组件和组件实例被指派为刚体，并在每一对连杆之间创建一个铰链副实例，可以在"机电导航器"中查看结果，该导航器将所有生成的刚体和铰链副作为子节点列在链运动副节点下。

1. 定义链运动副

"链运动副"对话框如图 3-49 所示，部分选项含义如下。

（1）刚体对象　选择需要创建链运动副的对象，这里可以选择组建对象或者组建对象中的刚体。

图 3-49　链运动副对话框

（2）指定轴矢量　为即将创建的铰链副指定轴矢量。

（3）指定锚点　为即将创建的铰链副指定锚点。

（4）启用第二个锚点　当链传动是由两种不同的组件连接时，启用第二个锚点。如图 3-50 所示链条。

（5）起始角　为即将创建的铰链副指定起始角，创建的铰链副具有相同的起始角。

（6）限制　为即将创建的铰链副指定运动角度的上限和下限。创建的铰链副具有相同的角度限制。

2. 动手操作——链运动副

（1）源文件　\chapter3_2_part\Chain2. prt。

图 3-50　链条示例

（2）目标　添加链运动副，熟悉链运动副的创建过程，并理解链运动副的仿真行为。

（3）　操作步骤

1）打开部件"Chain2. prt"。

2）选择"文件"→"所有应用模块"→"机电概念设计"命令。

3）单击"主页"功能区→"机械"工具栏→"链运动副" 按钮，打开"链运动副"

对话框。

① 选择连接件，在 "装配导航器" 中选择需要链传动的组件：mag_stueck ×41。

② 指定轴矢量：在轴矢量下拉菜单中选择 *YC*。

③ 指定锚点：选择图 3-52 所示圆心参考点。

图 3-51　选择组件 "mag_stueck ×41"

④ 单击 "确定" 按钮。

4）打开 "机电导航器"，此时添加的铰链副显示在 "运动副和约束" 文件夹下，如图 3-53 所示。

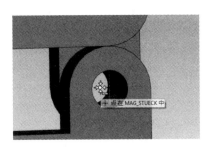

图 3-52　选择圆心作为锚点

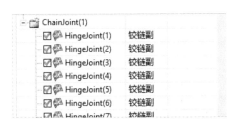

图 3-53　机电导航器

5）单击 "文件"→"仿真" 工具栏→"播放" 按钮，此时刚体不再落下，并随链条一起运动。

6）单击 "文件"→"仿真" 工具栏→"停止" 按钮，此时仿真模型复位。

3.3　耦合副

3.3.1　凸轮曲线

在机电概念设计环境中，进入 "主页" 功能区→"自动化" 工具栏中单击 "凸轮曲线" 按钮，创建凸轮曲线。使用凸轮曲线命令定义主动轴和从动轴的运动关系，可用于定义机械凸轮或者电子凸轮耦合副的相对运动关系。

1. 定义凸轮曲线

"凸轮曲线" 对话框如图 3-54 所示，部分选项含义如下。

（1）主动轴类型

1）线性：主动轴做平移运动，以平移位移作为变量。

2）旋转：主动轴做旋转运动，以旋转角度作为变量。

3）时间：以仿真时间轴作为主动轴变量。

（2）从动轴类型

1）线性位置：从动轴做平移运动，以平移位移作为变量。

2）旋转位置：从动轴做旋转运动，以旋转角度作为变量。

3）线性速度：从动轴做平移运动，以平移速度作为变量。

4）旋转速度：从动轴做旋转运动，以旋转速度作为变量。

图 3-54　凸轮曲线对话框

（3）循环类型

1）相对循环：从动轴的起点和终点可以不重合，但是起点和终点的斜率和曲线必须一致，如图 3-55 所示。

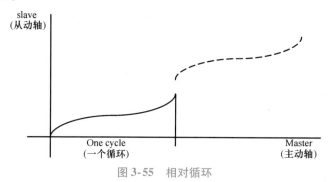

图 3-55　相对循环

2）循环：从动轴的起点和终点的大小和曲率必须一致，如图 3-56 所示。

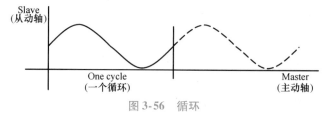

图 3-56　循环

3）非循环：只循环一次，如图 3-57 所示。

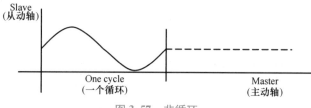

图 3-57　非循环

（4）图形视图　显示定义的曲线，在图形视图窗口中可以添加点、直线、正弦曲线和反正弦曲线来形成凸轮曲线。

（5）表格视图　显示图形上所有线段的信息，通过双击单元格来修改值。

3.3.2　电子凸轮

在机电概念设计环境中，进入"主页"功能区→"自动化"工具栏中单击"电子凸轮"按钮，创建电子凸轮。使用电子凸轮命令创建一个耦合器，电子凸轮通过构造的凸轮曲线来模拟机械凸轮，以达到与机械凸轮系统具有相同的主动轴和从动轴之间的确定运动。这里主动轴可以是时间、信号或轴运动副，从动轴作为执行器。

1. 定义电子凸轮

"电子凸轮"对话框如图 3-58 所示，部分选项含义如下。

（1）主类型

1）时间：通过仿真的时间来驱动从动轴，当选择主类型为时间时，不需要特别指定主轴对象。

2）轴：选择一个运动副来驱动从动轴，这里运动副可以是铰链副、滑动副、柱面副或者虚拟副。

3）信号：选择一个信号来驱动从动轴，这里选择的信号只能是长度单位的信号。

（2）曲线　选择一个凸轮曲线，这里选择的凸轮曲线中主动轴和从动轴类型必须与机械凸轮选择的主动轴和从动轴类型一致。

2. 动手操作——电子凸轮

（1）源文件　\chapter3_3_part\028_7_FlyingSaw_nx10. prt。

（2）目标　添加电子凸轮，熟悉电子凸轮的创建过程，并理解电子凸轮的仿真行为。

（3）**操作步骤**

1）打开部件"028_7_FlyingSaw_nx10. prt"，如图 3-59 所示。

2）单击"文件"→"仿真"工具栏→"播放"按钮，此时模型模拟木料的切割过程，黄色木料部分沿着 XC 轴运动，锯片部分机械结构保持当前位置。

3）单击"主页"功能区→"自动化"工具栏→"凸轮曲线"按钮，打开"凸轮曲线"对话框。

① 设置主动轴：

● 类型为线性

● 最小值 = 0

● 最大值 = 500

图 3-58　电子凸轮对话框

图 3-59　部件"028_7_FlyingSaw_nx10"

② 设置从动轴:

• 类型为旋转位置

• 最小值 = 0

• 最大值 = 30

③ 设置循环类型: 相对循环。

④ 修改起点坐标:

• x 最小值 = 0

• y 最小值 = 15

⑤ 添加第一条直线,在"表格视图"中单击"添加直线"按钮,添加的直线显示在图形视图区,如图 3-60 所示。

⑥ 在表格视图中设置直线参数:

• x 最小值 = 20

• y 最小值 = 30

• x 最大值 = 150

• y 最大值 = 30

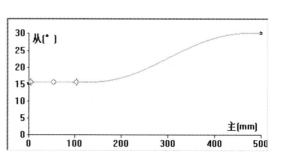

图 3-60　图形区显示 1

⑦ 添加第二条直线,在"表格视图"中单击"添加直线"按钮,在表格视图中设置直线参数:

• x 最小值 = 200

• y 最小值 = 15

• x 最大值 = 400

• y 最大值 = 15

⑧ 修改终点坐标:

• x 最小值 = 500

• y 最小值 = 15,如图 3-61 所示

⑨ 输入名称"Blade Lifting Profile"。

⑩ 单击"确定"按钮。

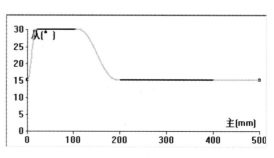

图 3-61　图形区显示 2

4) 打开"机电导航器",此时添加的凸轮曲线显示在"耦合副"文件夹下,如图 3-62 所示。

5) 单击"主页"功能区→"自动化"工具栏→"电子凸轮"按钮,打开"电子凸轮"对话框。

图 3-62　机电导航器

① 设置主类型: 轴。

② 选择主动轴运动副: 在"机电导航器"中选择虚拟轴"VirtualAxis"。

③ 选择从动轴控制副: 在"机电导航器"中选择位置控制"Drive Blade Lifting Axis"。

④ 运动曲线: 在曲线下拉框中选择步骤 3) 中创建的曲线"Blade Lifting Profile"。

⑤ 其他选项保持默认设置:

- 主偏置 = 0
- 从偏置 = 0
- 主比例因子 = 1
- 从比例因子 = 1

⑥ 输入名称"Blade Lifting Cam"。

⑦ 单击"确定"按钮。

6）打开"机电导航器"，此时添加的电子凸轮显示在"耦合副"文件夹下。

7）继续添加凸轮曲线，单击"主页"功能区→"自动化"工具栏→"凸轮曲线"  按钮，打开"凸轮曲线"对话框。

图 3-63　机电导航器

① 设置主动轴：
- 类型为线性
- 最小值 = 0
- 最大值 = 500

② 设置从动轴：
- 类型为线性位置
- 最小值 = 0
- 最大值 = 200

③ 设置循环类型：相对循环。

④ 添加一条直线，在"表格视图"中单击"添加直线"按钮 ，添加的直线显示在图形视图区。在图形视图区选择添加的直线，直线上出现三个可控圆，通过拖拽第三个可控圆改变直线的形状，如图 3-64 所示。

⑤ 在"表格视图"中设置直线参数：
- x 最小值 = 0
- y 最小值 = 0
- x 最大值 = 150
- y 最大值 = 150

⑥ 修改完直线参数后，后续过渡线段超出了主、从动轴设定的范围，如图 3-65 所示，可暂时不做处理。

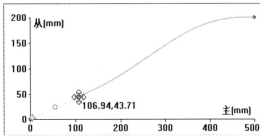

图 3-64　图形区显示 1

⑦ 修改终点坐标：
- x 最小值 = 500
- y 最小值 = 0

⑧ 输入名称"x-Axis Profile"。

⑨ 单击"确定"按钮。

8）继续添加电子凸轮，单击"主页"功能区→"自动化"工具栏→"电子凸轮" 按钮，打开"电子凸轮"对话框。

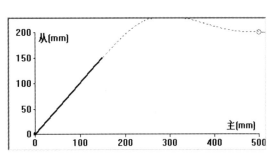

图 3-65　图形区显示 2

① 设置主类型：轴。

② 选择主动轴运动副：在"机电导航器"中选择虚拟轴"VirtualAxis"。

③ 选择从动轴控制：在"机电导航器"中选择位置控制"Drive x- Axis"。

④ 运动曲线：在曲线下拉框中选择步骤 7) 中创建的曲线"x- Axis Profile"。

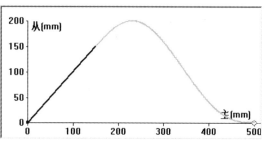

图 3-66 图形区显示 3

⑤ 其他选项保持默认设置：

- 主偏置 = 0
- 从偏置 = 0
- 主比例因子 = 1
- 从比例因子 = 1

⑥ 输入名称"x- Axis Cam"。

⑦ 单击"确定"按钮。

9) 继续添加凸轮曲线，单击"主页"功能区→"自动化"工具栏→"凸轮曲线" 按钮，打开"凸轮曲线"对话框。

① 设置主动轴：

- 类型为线性
- 最小值 = 0
- 最大值 = 500

② 设置从动轴：

- 类型为线性位置
- 最小值 = 0
- 最大值 = 160

③ 设置循环类型：相对循环。

④ 添加一条直线，在"表格视图"中单击"添加直线"按钮 ，添加的直线显示在图形视图区。在图形视图区选择添加的直线，直线上出现三个可控圆，通过拖拽第三个可控圆改变直线的形状，如图 3-67 所示。

⑤ 在"表格视图"中设置直线参数：

- x 最小值 = 20
- y 最小值 = 10
- x 最大值 = 150
- y 最大值 = 140

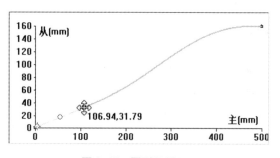

⑥ 修改直线参数后，后续过渡线段超出了主、从动轴设定的范围，如图 3-68 所示，可暂时不做处理。

图 3-67 图形区显示 4

⑦ 添加点，在"表格视图"中单击"添加点"按钮 ，添加的点显示在图形视图区。在图形视图区选择添加的点，并修改该

点坐标，如图 3-69 所示。

- x 最小值 = 200
- y 最小值 = 160

⑧ 修改终点坐标，如图 3-70 所示。

- x 最小值 = 500
- y 最小值 = 0

⑨ 输入名称 "y- Axis Profile"。

⑩ 单击 "确定" 按钮。

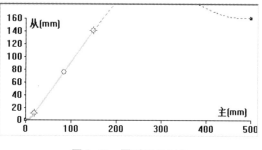

图 3-68　图形区显示 5

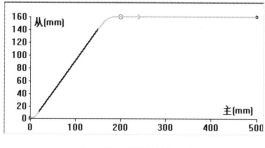

图 3-69　图形区显示 6

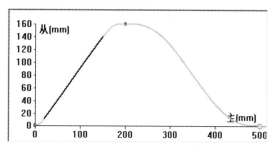

图 3-70　图形区显示 7

10）继续添加电子凸轮，单击 "主页" 功能区→"自动化" 工具栏→"电子凸轮"按钮，打开 "电子凸轮" 对话框。

① 设置主类型：轴。

② 选择主动轴运动副：在 "机电导航器" 中选择虚拟轴 "VirtualAxis"。

③ 选择从动轴控制：在 "机电导航器" 中选择位置控制 "Drive y- Axis Saw"。

④ 运动曲线：在曲线下拉框中选择步骤 7）中创建的曲线 "y- Axis Profile"。

⑤ 其他选项保持默认设置：

- 主偏置 = 0
- 从偏置 = 0
- 主比例因子 = 1
- 从比例因子 = 1

⑥ 输入名称：y- Axis Cam。

⑦ 单击 "确定" 按钮。

11）单击 "文件"→"仿真" 工具栏→"播放" 按钮，此时模型模拟木料的切割过程，黄色木料部分沿着 XC 轴运动，锯片部分机械结构在 X 轴方向上跟随木料移动，在 Y 轴和 Z 轴方向上模拟锯片的切入。当第一块木料切割完成时，Y 轴和 Z 轴方向先复位，然后 X 轴方向复位，然后重复上述切割过程。

12）单击 "文件"→"仿真" 工具栏→"停止" 按钮，此时仿真模型复位。

3.3.3　3 联接耦合副

在机电概念设计环境中，进入 "主页" 功能区→"机械" 工具栏中单击 "3 联接耦合副" 按钮，创建 3 联接耦合副。使用 3 联接耦合副命令可连接三个运动副，使它们按设置的固定比率移动。3 联接耦合副连接的三个运动副可以是铰链副、滑动副和柱面副的任意组合。

3 联接耦合副的运动效果取决于施加在三个运动副上的驱动数量，具体见表 3-1。

表 3-1　3 联接耦合副的运动效果

驱动数量	方　　程	行　　为
0	—	不做约束
1	$(r_1q_1)+(r_2q_2)=0$	在两个自由的运动副中选择比例因子较高的运动副按方程驱动，剩下的运动副不做任何约束
2	$(r_1q_1)+(r_2q_2)+(r_3q_3)=0$	通过方程驱动自由的运动副
3	—	过约束，3 联接耦合副不起作用

说明：

1）r_1、r_2、r_3 为三个运动副的比例因子。

2）q_1、q_2、q_3 为三个运动副的转速或者平移速度，这里转动速度 1r/s 等效于线性速度 1m/s。

1. 确定 3 联接耦合副的比例因子方法

以图 3-71 所示为例，铰链副③在铰链副①的旋转和滑动副②的平移下向外延伸并旋转。已知铰链副①和铰链副③选择的滚轮半径相等，且 $R=0.1\mathrm{m}$，铰链副①和滑动副②上添加了驱动，因此适用于表 3-1 中方程 2，即

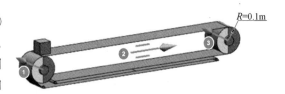

图 3-71　3 联接耦合副示意图

$$(r_1q_1)+(r_2q_2)+(r_3q_3)=0$$

假定比例因子 $r_1=1$，滑动副②的驱动速度 $q_2=0\mathrm{m/s}$，即

$$q_1=q_2$$
$$(1\times q_1)+(r_2\times0)+(r_3q_3)=0$$

得

$$r_3=-1$$

假定比例因子 $r_1=1$，铰链副③的驱动速度 $q_3=0\mathrm{rad/s}$，即

$$q_2=q_1R$$
$$(1\times q_1)+(r_2q_2)+(0\times q_1)=0$$

得

$$r_2=-1/R=-10$$

综上：$r_1=1$，$r_2=-10$，$r_3=-1$

2. 定义 3 联接耦合副

"3 联接耦合副"对话框如图 3-72 所示，部分选项含义如下。

（1）选择第一个运动副　选择第一个运动副，可以是铰链副、滑动副或者柱面副。

（2）比例　输入该运动副的比例因子。

图 3-72　3 联接耦合副对话框

（3）类型　当选择的运动副为柱面副时，需要选择角度或者线性类型。

3. 动手操作——3 联接耦合副

（1）源文件　\chapter3_3_part\3- Joint_nx1202ip9. prt。

（2）目标　添加 3 联接耦合副，熟悉 3 联接耦合副的创建过程，并理解 3 联接耦合副的仿真行为。

动手操作——
3 联接耦合副

（3）　操作步骤

1）打开部件"3- Joint_nx1202ip9. prt"，如图 3-73 所示。

2）单击"文件"→"仿真"工具栏→"播放"按钮，观察现有机构运动行为：滚轮 1 发生旋转，小方块在传送带的作用下向 XC 方向运动，滚轮 2 不发生运动。

3）单击"主页"功能区→"机械"工具栏→"3 联接耦合副"按钮，打开"3 联接耦合副"对话框。

图 3-73　部件"3- Joint_nx1202ip9"

① 选择第一个运动副：

- 在图形窗口或者"机电导航器"中选择铰链副：Left_Roller_HingeJoint(1)
- 输入比例：1

② 选择第二个运动副：

- 在图形窗口或者"机电导航器"中选择滑动副：Regulator1_SlidingJoint(1)
- 输入比例：-10

③ 选择第三个运动副：

- 在图形窗口或者"机电导航器"中选择铰链副：Right_Roller_Regulator1_HingeJoint(1)
- 输入比例：-1

④ 单击"确定"按钮。

4）打开"机电导航器"，此时添加的 3 联接耦合副显示在"耦合副"文件夹下，如图 3-74 所示。

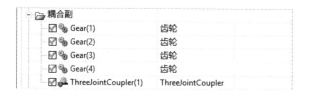

图 3-74　机电导航器

5）单击"文件"→"仿真"工具栏→"播放"按钮，仿真开始：0 ~ 6s，滚轮 1 发生旋转，小方块在传送带的作用下向 XC 方向运动，滚轮 2 发生旋转且转速和滚轮 1 一致；6 ~ 13.1s，滚轮 2 在 XC 方向上伸出，伸出的速度抵消滚轮 2 的旋转；13.1 ~ 24s，滚轮 1 和滚轮 2 保持相同的速度旋转；24 ~ 31s，滚轮 2 在 XC 方向缩回，且滚轮 2 旋转速度大于滚轮 1 的旋转速度。

6）单击"文件"→"仿真"工具栏→"停止"按钮，此时仿真模型复位。

3.4 约束

3.4.1 断开约束

在机电概念设计环境中，进入"主页"功能区→"机械"工具栏中单击"断开约束"按钮，创建断开约束。使用断开约束命令约定断开特定关节的最大力或扭矩，当关节上作用的力或者扭矩超过这个约定时，这个关节将不再约束所连接的刚体的运动。

1. 定义断开约束

"断开约束"对话框如图 3-75 所示，部分选项含义如下。

图 3-75　断开约束对话框

（1）运动副　选择需要添加断开约束的运动副。

（2）断开模式

1）力：指定断开模式为力，最大幅值为力的限制。

2）扭矩：指定断开模式为扭矩，最大幅值为扭矩的限制。

（3）方向　若不指定方向，则所选运动副上来自任何方向的力或者扭矩都可以断开关节约束。若指定方向，则只有在指定的方向上的力可以断开关节约束。

2. 动手操作——断开约束

（1）源文件　\chapter3_4_part\Winch_base. prt。

（2）目标　添加断开约束，熟悉断开约束的创建过程，并理解断开约束的仿真行为。

（3）　操作步骤

1）打开部件"Winch_base. prt"，如图 3-76 所示。

2）单击"文件"→"仿真"工具栏→"播放"按钮，蜗杆带动蜗轮旋转，将蓝色管套提起，蓝色管套和黄色连杆之间通过弹簧连接，随着蓝色管套的上升，弹簧施加的力逐步增加，当弹簧作用力大于黑色重物时，黑色重物被提起。

3）单击"文件"→"机械"工具栏→"断开约束"按钮，打开"断开约束"对话框。

① 选择运动副，在"机电导航器"或者图形窗口中选择线性弹簧副：rod_bushing_rod_ LinearSpringJoint（1）。

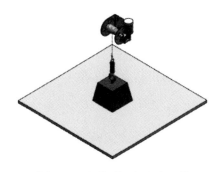

图 3-76　部件"Winch_base"

图 3-77　选择线性弹簧副

② 设置最大幅值为 1000N。

③ 输入名称"BreakingConstraint"。

④ 单击"确定"按钮。

4）单击"文件"→"仿真"工具栏→"播放"按钮，此时当弹簧施加的作用力大于 1000N 时，线性弹簧副不起作用。

5）单击"文件"→"仿真"工具栏→"停止"按钮，此时仿真模型复位。

3.4.2　角度弹簧副

在机电概念设计环境中，进入"主页"功能区→"机械"工具栏中单击"角度弹簧副"按钮，创建角度弹簧副。使用角度弹簧副命令创建一个关节，当角度弹簧副选择的两个对象之间的角度发生变化时，这个关节会产生扭矩。这个角度是由两个向量决定的，两个向量是相对于各自附加对象的。

向量定义在全局坐标系中，当受约束的对象发生转动时，指定的向量保持其相对于对象的位置。向量之间的夹角决定了约束关节的扭矩。

弹簧参数包括弹簧常数、阻尼和松弛位置。角度是无符号的，即物体可以朝任意方向运动，以达到弹簧的最大扭矩。

1. 定义角度弹簧副

"角度弹簧副"对话框如图 3-78 所示，部分选项含义如下。

（1）连接件

1）选择对象：指定连接件的对象。

2）指定方向：指定相对于连接件的方向。

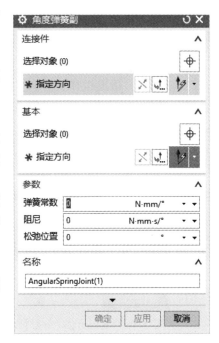

图 3-78　角度弹簧副对话框

（2）基本

1）选择对象：指定基本件的对象。

2）指定方向：指定相对于基本件的方向。

（3）参数

1）弹簧常数：设置弹簧常数值。

2）阻尼：设置阻尼参数值。

3）松弛位置：设置弹簧扭矩为零时的角度值，即弹簧自由状态的位置。

3.4.3 线性弹簧副

在机电概念设计环境中，进入"主页"功能区→"机械"工具栏中单击"线性弹簧副"按钮，创建线性弹簧副。使用线性弹簧副命令创建一个关节，当线性弹簧副选择的两个对象之间的距离发生变化时，这个关节会产生作用力。这个作用力是由两个参考点决定的，这两个参考点是相对于各自附加对象的。

参考点定义在全局坐标系中，当受约束的对象发生位移时，指定的参考点保持其相对于对象的位置。参考点之间的距离决定了约束关节的作用力。

弹簧参数包括弹簧常数、阻尼和松弛位置。距离是无符号的，即物体可以朝任意方向运动，以达到弹簧的最大作用力。

1. 定义线性弹簧副

"线性弹簧副"对话框如图 3-79 所示，部分选项含义如下。

（1）连接件

1）选择对象：指定连接件的对象。

2）指定点：指定相对于连接件的参考点。

（2）基本

1）选择对象：指定基本件的对象。

2）指定点：指定相对于基本件的参考点。

（3）参数

1）弹簧常数：设置弹簧常数值。

2）阻尼：设置阻尼参数值。

3）松弛位置：设置弹簧作用力为零时参考点之间的距离。

2. 动手操作——线性弹簧副

（1）源文件　\chapter3_4_part\Winch_base_1.prt。

（2）目标　添加线性弹簧副，熟悉线性弹簧副的创建过程，并理解线性弹簧副的仿真行为。

（3）　操作步骤

1）打开部件"Winch_base_1.prt"，如图 3-80 所示。

2）单击"文件"→"仿真"工具栏→"播放"按钮，

图 3-79　线性弹簧副对话框

观察现有的机构运动行为：蜗杆带动蜗轮旋转，将蓝色管套提起。随着蓝色管套的上升，蓝色管套和黄色连杆之间逐渐分离。

3）单击"主页"功能区→"机械"工具栏→"线性弹簧副" 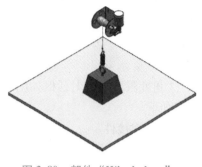 按钮，打开"线性弹簧副"对话框。

① 选择连接件：

- 在图形窗口或者"机电导航器"中选择刚体：rod
- 指定点：选择图 3-81 所示连接件上表面圆心

② 选择基本件：

- 在图形窗口或者"机电导航器"中选择刚体：rod_bushing

图 3-80　部件"Winch_base"

- 指定点：选择图 3-82 所示基本件参考点

图 3-81　指定连接件参考点

图 3-82　指定基本件参考点

③ 设置参数：

- 弹簧常数：14
- 阻尼：1
- 松弛位置：0

④ 输入名称"rod_bushing_rod_LinearSpringJoint（1）"。

⑤ 单击"确定"按钮。

4）打开"机电导航器"，此时添加的 3 联接耦合副显示在"耦合副"文件夹下，如图 3-83 所示。

5）单击"文件"→"仿真"工具栏→"播放"按钮，蜗杆带动蜗轮旋转，将蓝色管套提起。蓝色管套和黄色连杆之间

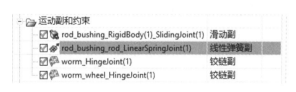

图 3-83　机电导航器

通过弹簧连接，随着蓝色管套的上升，弹簧施加的力逐步增加，当弹簧作用力大于黑色重物重力时，黑色重物被提起。

6）单击"文件"→"仿真"工具栏→"停止"按钮，此时仿真模型复位。

3.4.4　角度限制副

在机电概念设计环境中，进入"主页"功能区→"机械"工具栏中单击"角度限制副"按钮，创建角度限制副。使用角度限制副命令创建一个关节，防止物体的旋转超过给定的角度。这个角度是由两个向量决定的，两个向量是相对于各自附加对象的。

向量定义在全局坐标系中，当受约束的对象发生转动时，指定的向量保持其相对于对象的位置。角度是无符号的，即物体可以朝任意方向运动，以达到设定的最大值或最小值。

1. 定义角度限制副

"角度限制副"对话框如图 3-84 所示，部分选项含义如下。

（1）连接件

1）选择对象：指定连接件的对象。

2）指定方向：指定相对于连接件的方向。

（2）基本

1）选择对象：指定基本件的对象。

2）指定方向：指定相对于基本件的方向。

（3）参数

1）最小位置：设置限制转动角度的最小值。

2）最大位置：设置限制转动角度的最大值。

3.4.5 线性限制副

在机电概念设计环境中，进入"主页"功能区→"机械"工具栏中单击"线性限制副"按钮，创建线性限制副。使用线性限制副命令创建一个关节，防止物体的移动超过给定的距离。这个距离是由两个参考点决定的，两个参考点是相对于各自附加对象的。

参考点定义在全局坐标系中，当受约束的对象发生移动时，指定的参考点保持其相对于对象的位置。距离是无符号的，即物体可以朝任意方向运动，以达到设定的最大值或最小值。

1. 定义线性限制副

"线性限制副"对话框如图 3-85 所示，部分选项含义如下。

（1）连接件

1）选择对象：指定连接件的对象。

2）指定点：指定相对于连接件的参考点。

（2）基本

1）选择对象：指定基本件的对象。

2）指定点：指定相对于基本件的参考点。

（3）参数

1）最小位置：设置限制移动距离的最小值。

2）最大位置：设置限制移动距离的最大值。

图 3-84　角度限制副对话框

图 3-85　线性限制副对话框

3.5　驱动

3.5.1　力/扭矩控制器

在机电概念设计环境中，进入"主页"功能区→"电气"工具栏中单击"力/扭矩控制器"按钮，创建刚体对象。使用力/扭矩控制器命令将力或扭矩附加到关节轴上，这样就可以控制线性关节的力或角关节的扭矩。

1. 定义力/扭矩控制器

"力/扭矩控制器"对话框如图 3-86 所示，部分选项含义如下。

图 3-86　力/扭矩控制器对话框

（1）选择对象　可为以下机电对象指定力/扭矩：铰链副、滑动副、柱面副、线性、角度弹簧副或者线性、角度限位副。

（2）轴类型　选择柱面副时，需要指定轴类型（如角度或者线性）。

2. 动手操作——力/扭矩控制器

（1）源文件　\chapter2_1_part\SimplePhysics_06. prt。

（2）目标　添加力/扭矩控制，熟悉力/扭矩控制的创建过程，并理解力/扭矩控制的仿真行为。

动手操作——
力/扭矩控制器

（3）　操作步骤

1）打开部件"force_case. prt"，如图 3-87 所示。

2）选择"文件"→"所有应用模块"→"机电概念设计"命令。

3）单击"文件"→"仿真"工具栏→"播放"按钮，此时模型中未添加任何驱动，所以没有任何运动效果。分析模型：蓝色刚体重 $10\mathrm{kg} \times 10\mathrm{m/s}^2 = 100\mathrm{N}$，相对动/静摩擦系数为 $0.7 \times 0.7 = 0.49$，因此蓝色方块移动的动/静摩擦力为 $0.49 \times 100\mathrm{N} = 49\mathrm{N}$。

图 3-87　部件"force_case"

4）进入"主页"→"电气"工具栏→"力/扭矩控制器"  按钮，打开"力/扭矩控制器"对话框。

① 在图形窗口中选择需要驱动的对象，例如滑动副：DragBody_SlidingJoint（1），如图3-88所示。

图 3-88　选择滑动副"DragBody_SlidingJoint（1）"

② 设置约束力：40N。

③ 输入名称"ForceTorqueControl（1）"。

④ 单击"确定"按钮。

5）打开"机电导航器"，此时添加的刚体显示在"传感器和执行器"文件夹下，如图3-89所示。

图 3-89　机电导航器

6）单击"文件"→"仿真"工具栏→"播放"按钮，此时施加的拉力小于静摩擦力，故蓝色刚体静止。

7）在机电导航器中，找到步骤4）中创建的力/扭矩控制器，双击"打开力/扭矩控制器"对话框，进入编辑模式。

① 修改约束力为49.5N。

② 单击"确定"按钮。

8）单击"文件"→"仿真"工具栏→"播放"按钮，此时施加的拉力大于静摩擦力，故蓝色刚体在49.5N力的作用下沿着Y轴移动。

9）单击"文件"→"仿真"工具栏→"停止"按钮，此时模型复位。

3.5.2　液压缸和液压阀

在机电概念设计环境中，进入"主页"功能区→"电气"工具栏中单击"液压缸"按钮，创建液压缸对象；进入"主页"功能区→"电气"工具栏中单击"液压阀"按钮，创建液压阀对象。使用液压缸命令将液压执行机构应用到滑动连接或圆柱连接上，通过调节液压阀的控制输入参数，以实现液压缸的运动。

机电概念设计中液压缸分为单杆液压缸和双杆液压缸。只在活塞的一侧有活塞杆的液压缸称为单杆液压缸，如图3-90所示。

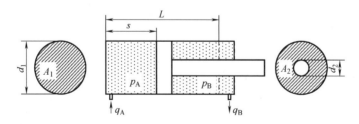

图 3-90　单杆液压缸示意图

单杆液压缸其两端油口都可通过压力油或回油，以实现双向运动。因 A、B 两腔的有效作用面积不同，在供油量相同的情况下，通过不同腔进油，活塞的运动速度不同。在所需克服的负载力相同时，不同腔进油，所需要的供油压力不同，或者供给油量相同时，液压缸两个方向运动所克服的负载力不同。

在活塞的两侧都有活塞杆的液压缸称为双杆液压缸，如图 3-91 所示。

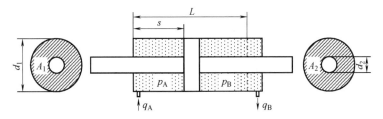

图 3-91　双杆液压缸示意图

双杆液压缸其两端油口都可以进油或回油，以实现双向运动。因 A、B 两腔的有效作用面积相同，在供油量相同的情况下，不同腔进油，活塞的运动速度相同；在所需克服的负载力相同时，不同腔进油，所需要的供油压力相同。

机电概念设计中的液压阀只支持三位四通液压阀，如图 3-92 所示三位四通液压阀。

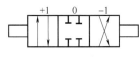

1. 定义液压缸

"液压缸"对话框如图 3-93 所示，部分选项含义如下。

图 3-92　三位四通液压阀

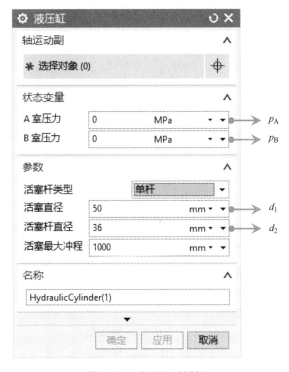

图 3-93　液压缸对话框

（1）轴运动副　选择滑动副或者柱面副作为液压缸的控制对象。

（2）状态变量

1）A 室压力：液压缸推出方向左腔的动态平衡压力 p_A。

2）B 室压力：液压缸推出方向右腔的动态平衡压力 p_B，液压缸示意图如图 3-94 所示。

（3）参数

1）活塞杆类型：

● 单杆：液压缸中只有一端有活塞杆。

● 双杆：液压缸中两端都有活塞杆。

2）活塞直径：指定活塞直径 d_1。

3）活塞杆直径：指定活塞杆直径 d_2。

4）活塞最大冲程：指定液压缸最大行程 L。

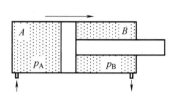

图 3-94　液压缸示意图

2. 定义液压阀

"液压阀"对话框如图 3-95 所示，部分选项含义如下。

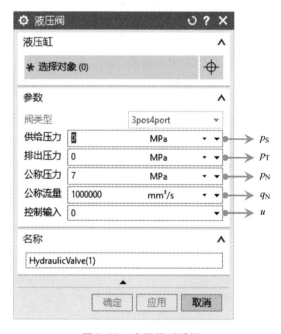

图 3-95　液压阀对话框

（1）液压缸　选择需要控制的液压缸对象，这里可以选择一个液压缸，也可以选择多个液压缸。机电概念设计中液压阀不具备分流特性，即当选择多个液压缸对象时，为连接的每个液压缸提供相同的压力和流量参数。

（2）参数

1）阀类型：默认为三位四通。

2）供给压力：通过液压阀提供给每个液压缸液体的压力 p_S。

3）排出压力：连接在液压阀上的每个液压缸排出液体的压力 p_T。

4）公称压力：液压阀正常工作时提供给每个液压缸的最大持续压力 p_N。

5）公称流量：液压阀正常工作时提供给每个液压缸的最大持续流量 q_N。

（3）控制输入

● 三位四通：限制流量在 −1（B 腔方向阀门全开）、0（A 腔、B 腔阀门关闭）和 1（A 腔方向阀门全开）之间。

使用技巧:

1) 表 3-2 各参数对照表列出了液压缸和液压阀中使用的各个参数及单位。

表 3-2　各参数对照表

符　号	参　数	单　位	符　号	参　数	单　位
p_A	A 腔压力	MPa	p_S	供给压力	MPa
p_B	B 腔压力	MPa	p_T	排出压力	MPa
d_1	活塞直径	mm	p_N	公称压力	MPa
d_2	活塞杆直径	mm	q_N	公称流量	mm³/s
L	活塞最大冲程	mm	u	输入控制	
A_1	左腔活塞截面积	mm²	F	负载力	N
A_2	右腔活塞截面积	mm²			

2) 机电概念设计中利用液压缸的受力平衡和液体的不可压缩性计算各运动参数。

① 当 $u>0$ 时,

$$p_A = \frac{p_S + \left(\frac{A_1}{A_2}\right)^2 \left(p_T + \frac{F}{A_2}\right)}{1 + \left(\frac{A_1}{A_2}\right)^3}$$

$$p_B = \frac{A_1}{A_2}p_A - \frac{F}{A_2}$$

$$q_A = uq_N\sqrt{\frac{2 \times (p_S - p_A)}{p_N}}$$

$$q_B = uq_N\sqrt{\frac{2 \times (p_B - p_T)}{p_N}}$$

② 当 $u<0$ 时,

$$p_A = \frac{p_T + \left(\frac{A_1}{A_2}\right)^2 \left(p_S + \frac{F}{A_2}\right)}{1 + \left(\frac{A_1}{A_2}\right)^3}$$

$$p_B = \frac{A_1}{A_2}p_A - \frac{F}{A_2}$$

$$q_A = uq_N\sqrt{\frac{2 \times (p_B - p_T)}{p_N}}$$

$$q_B = uq_N\sqrt{\frac{2 \times (p_S - p_A)}{p_N}}$$

3) 为了使液压缸和液压阀在仿真的过程中能正常工作,需要满足以下关系:

① 当 $u>0$ 时,

a) $p_S \leqslant p_N$

b) $p_T \leqslant p_N$

c) $p_S \geqslant p_A$

d) $p_B \geqslant p_T$

e) $p_S > p_T \dfrac{A_2}{A_1} + \dfrac{F}{A_1}$

② 当 $u < 0$ 时，

a) $p_S \leqslant p_N$

b) $p_T \leqslant p_N$

c) $p_S \geqslant p_A$

d) $p_B \geqslant p_T$

e) $p_S > p_T \dfrac{A_1}{A_2} + \dfrac{F}{A_2}$

3. 动手操作——液压缸和液压阀

（1）源文件　\chapter3_5_part\Hydraulic-00000000. prt。

（2）目标　添加液压缸和液压阀，熟悉液压缸和液压阀的创建过程，并理解液压缸和液压阀的仿真行为。

（3）　操作步骤

1）打开部件"Hydraulic-00000000. prt"。

2）选择"文件"→"所有应用模块"→"机电概念设计"命令。

3）单击"文件"→"仿真"工具栏→"播放"按钮，此时添加了刚体的几何对象在重力作用下沿 Z 轴负方向落下。

4）添加液压缸，单击"主页"功能区→"电气"工具栏→"液压缸"按钮，打开"液压缸"对话框。

① 在"机电导航器"中选择滑动副：LeftPiston_SlidingJoint(1)，如图 3-96 所示。

② 设置参数：

- 活塞杆类型：单杆
- 活塞直径：100mm
- 活塞杆直径：70mm
- 活塞最大冲程：2400mm

图 3-96　选择滑动副"LeftPiston_SlidingJoint(1)"

③ 输入名称"Left_HydraulicCylinder"。

④ 单击"确定"按钮。

5）继续添加液压缸，打开"液压缸"对话框。

① 在"机电导航器"中选择滑动副：RightPiston_SlidingJoint(1)，如图 3-97 所示。

② 设置参数：

- 活塞杆类型：单杆

- 活塞直径：100mm
- 活塞杆直径：70mm
- 活塞最大冲程：2400mm

③ 输入名称 "Right_HydraulicCylinder"。

④ 单击 "确定" 按钮。

6）打开 "机电导航器"，第 4）步和第 5）步添加的液压缸显示在 "传感器和执行器" 文件夹中，如图 3-98 所示。

7）单击 "文件"→"仿真" 工具栏→"播放" 按钮，此时添加了刚体的几何对象在液压缸的约束下不再落下。

图 3-97　选择滑动副 "RightPiston_SlidingJoint(1)"

图 3-98　机电导航器（一）

8）单击 "文件"→"仿真" 工具栏→"停止" 按钮，此时模型复位。

9）单击 "主页" 功能区→"电气" 工具栏→"液压阀" 按钮，打开 "液压阀" 对话框。

① 在图形窗口或 "机电导航器" 中选择第 4）步和第 5）步添加的液压缸。

② 设置参数：

- 阀类型：四通
- 供给压力：12MPa
- 排出压力：0MPa
- 公称压力：14MPa
- 公称流量：800000mm³/s

③ 输入名称 "HydraulicValue"。

④ 单击 "确定" 按钮。

10）打开 "机电导航器"，步骤 9）添加的液压阀显示在 "传感器和执行器" 文件夹中，如图 3-99 所示。

图 3-99　机电导航器（二）

11）单击 "播放" 按钮，在 "机电导航器" 中选择液压阀 HydraulicValue。打开 "运行时察看器"：修改 HydraulicValue 的 "参数-控制输入" 值等于 1，液压缸伸出；修改 HydraulicValue 的 "参数-控制输入" 值等于 0，液压缸静止；HydraulicValue 的 "参数-控制输入" 值等于 −1，液压缸下降。

12）单击 "停止" 按钮，仿真模型复位。

3.5.3　气缸和气动阀

在机电概念设计环境中，进入 "主页" 功能区→"电气" 工具栏中单击 "气缸" 按钮，创建气缸对象。进入 "主页" 功能区→"电气" 工具栏中单击 "气动阀" 按钮，创建气动阀对象。使用气缸命令将气动执行机构应用到滑动连接或圆柱连接上，通过调节气动阀的控制输入参数实现气缸的运动。

机电概念设计中气缸分为单杆气缸和双杆气缸。只在活塞的一侧有活塞杆的气缸称为单杆气缸，如图 3-100 所示。

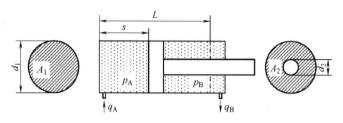

图 3-100　单杆气缸示意图

单杆气缸两端出口都可通过压力进气或出气，以实现双向运动。因 A、B 两腔的有效作用面积不同，在供气量相同的情况下，不同腔进气，活塞的运动速度不同；在所需克服的负载力相同时，不同腔进气，所需要的供气压力不同，或者说供气压力相同时，气缸两个方向的运动所克服的负载力不同。

在活塞的两侧都有活塞杆的气缸称为双杆气缸，如图 3-101 所示。

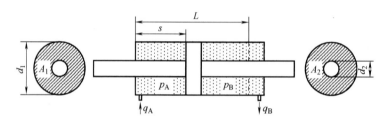

图 3-101　双杆气缸示意图

双杆气缸其两端出口都可以进气或出气，以实现双向运动。因 A、B 两腔的有效作用面积相同，在供气量相同的情况下，不同腔进气，活塞的运动速度相同；在所需克服的负载力相同时，不同腔进气，所需要的供气压力相同。

机电概念设计中的气动阀分为两位三通气动阀和两位四通气动阀，如图 3-102 和图 3-103 所示。

图 3-102　两位三通气动阀　　　　　图 3-103　两位四通气动阀

1. 定义气缸

"气缸" 对话框如图 3-104 所示，部分选项含义如下。

（1）轴运动副　选择滑动副或者柱面副作为气缸的控制对象。

（2）状态变量

1）A 室压力：活塞杆伸出方向上左腔的动态平衡气压 p_A，如图 3-105 所示。

2）B 室压力：活塞杆缩回方向上右腔的动态平衡气压 p_B。

（3）参数：

1）活塞杆类型：

● 单杆：气缸中只有一端有活塞杆。

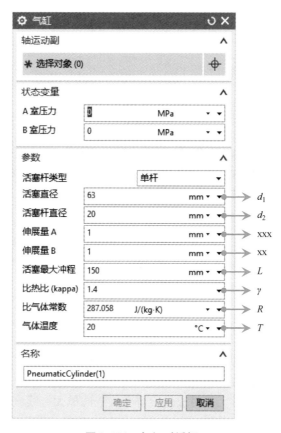

图 3-104　气缸对话框

- 双杆：气缸中两端都有活塞杆。
2）活塞直径：设置活塞直径 d_1。
3）活塞杆直径：设置活塞杆直径 d_2。
4）伸展量 A：用来防止 A 腔体积在行程结束时变为 0。
5）伸展量 B：用来防止 B 腔体积在行程结束时变为 0。
6）活塞最大冲程：设置气缸最大行程 L。

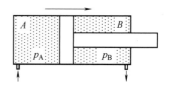

图 3-105　气缸示意图

7）比热比（kappa）：定压比热 C_p 与定容比热 C_v 之比，通常用符号 γ 表示。
8）比气体常数：单位摩尔质量下的气体常数。
9）气体温度：设置气体温度。

2. 定义气动阀

"气动阀"对话框如图 3-106 所示，部分选项含义如下。

（1）选择对象　选择需要控制的气缸对象，这里可以选择一个气缸也可以选择多个气缸。机电概念设计中气动阀不具备分流特性，即当选择多个气缸对象时，为连接的每个气缸提供相同的气压、流量参数。

（2）参数

1）阀类型：可选择两位三通或两位四通气动阀。

2）供给压力：通过气动阀提供给每个气缸的气体压力 p_s。

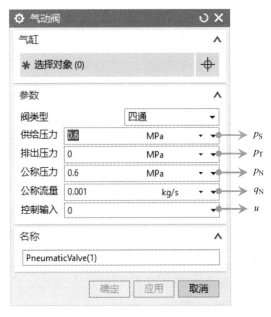

图 3-106　气动阀对话框

3）排出压力：连接在气动阀上的每个气缸排出气体的压力 p_T。

4）公称压力：气动阀正常工作时提供给每个气缸的最大持续压力 p_N。

5）公称流量：气动阀正常工作时提供给每个气缸的最大持续流量 q_N。

6）控制输入：

- 两位三通气动阀：限制流量在 -1（不打开阀门）和 1（A 腔方向阀门全开）。
- 两位四通气动阀：限制流量在 -1（B 腔方向阀门全开）和 1（A 腔方向阀门全开）。

💡 使用技巧：

1）表 3-3 列出了气缸和气动阀中使用的各个参数以及单位。

表 3-3　各参数对照表

符　号	参　数	单　位	符　号	参　数	单　位
p_A	A 腔压力	MPa	A_1	左腔活塞截面面积	mm^2
p_B	B 腔压力	MPa	A_2	右腔活塞截面面积	mm^2
d_1	活塞直径	mm	p_S	供给压力	MPa
d_2	活塞杆直径	mm	p_T	排出压力	MPa
x_A	伸展量 A	mm	p_N	公称压力	MPa
x_B	伸展量 B	mm	q_N	公称流量	mm^3/s
L	活塞最大冲程	mm	u	输入控制	
γ	比热比		F	负载力	N
R	比气体常数	$J/(kg \cdot K)$			
T	气体温度	℃			

2）机电概念设计中利用气缸的受力平衡和气体的可压缩性计算各运动参数，设置"伸展量A"和"伸展量B"，避免活塞杆在行程结束时A腔或者B腔体积为0。一般设置A腔或B腔的余量为气缸最大体积的1/1000。即：

- A腔：伸展量A×A腔横截面积 = 1/50×气缸最大体积
- B腔：伸展量B×B腔横截面积 = 1/50×气缸最大体积

3. 动手操作——气缸和气动阀

（1）源文件　\chapter3_5_part\Pneumatic-00000000. prt。

（2）目标　添加气缸和气动阀，熟悉气缸和气动阀的创建过程，并理解气缸和气动阀的仿真行为。

（3）**操作步骤**

动手操作——
气缸和气动阀

1）打开部件"Pneumatic-00000000. prt"。

2）选择"文件"→"所有应用模块"→"机电概念设计"命令。

3）单击"文件"→"仿真"工具栏→"播放"按钮，此时添加了刚体的几何对象在重力作用下沿Z轴负方向落下。

4）添加气缸，单击"主页"功能区→"电气"工具栏→"气缸" 按钮，打开"气缸"对话框。

① 在"机电导航器"中选择滑动副：PistonBody_CylinderBody_SlidingJoint(1)，如图3-107所示。

② 设置参数
- 活塞杆类型：单杆
- A室压力：0.539MPa
- B室压力：0.6MPa
- 活塞直径：63mm
- 活塞杆直径：20mm
- 伸展量A：3mm
- 伸展量B：3.5mm
- 活塞最大冲程：150mm
- 比热比：1.4
- 比气体常数：287.058J/(kg·K)
- 气体温度：20℃

③ 输入名称：PneumaticCylinder。

④ 单击"确定"按钮。

5）打开"机电导航器"，第4）步添加的气缸显示在"传感器和执行器"文件夹中，如图3-108所示。

6）单击"文件"→"仿真"工具栏→"播放"按钮，此时添加了刚体的几何对象在气缸的约束下不可移动。

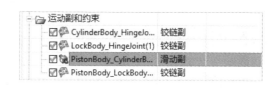

图 3-107　选择滑动副 "PistonBody_
CylinderBody_SlidingJoint(1)"

图 3-108　机电导航器

7）单击"文件"→"仿真"工具栏→"停止"按钮。

8）单击"主页"功能区→"电气"工具栏→"气动阀" 按钮，打开"气动阀"对话框。

① 在图形窗口或"机电导航器"中选择第4）步添加的气缸。

② 设置参数：

- 阀类型：四通
- 供给压力：0.6MPa
- 排出压力：0MPa
- 公称压力：0.6MPa
- 公称流量：0.001kg/s

③ 输入名称"PneumaticValue"。

④ 单击"确定"按钮。

9）打开"机电导航器"，步骤8）添加的气动阀显示在"传感器和执行器"文件夹中，如图3-109所示。

图 3-109　机电导航器

10）单击"播放"按钮，在"机电导航器"中选择气动阀"PneumaticValue"。打开"运行时察看器"：修改PneumaticValue的"参数-控制输入"值等于−1，气缸缩回；修改PneumaticValue的"参数-控制输入"值等于1，气缸伸出。

11）单击"停止"按钮，仿真模型复位。

3.5.4　反算机构驱动

在机电概念设计环境中，进入"主页"功能区→在"电气"工具栏中单击"反算机构驱动"按钮，可以创建反算机构驱动对象。通过反算机构驱动对象使用目标方位作为驱动参数自动创建位置执行器和运动控制。在使用过程中，必须为反算机构驱动指定驱动的刚体，以及与这个刚体相关的一个参考点和初始方位，然后指定这个刚体运动的目标位置和方位。根据使用需求可以选择两种模式：在线和脱机。在线模式下，忽略相关的仿真序列，此时目标位置通过信号进行输入，反算机构驱动根据输入的目标位置实时驱动各关节以达到目标位置；脱机模式下，反算机构驱动会根据添加的目标位置和方位自动添加仿真序列。在脱机模式下若勾选了"避碰"选项，如果生成的路径和其他几何对象发生碰撞，此时会出现错误警示，并不创建反算机构驱动对象。

1. 定义反算机构驱动

"反算机构驱动"对话框如图3-110所示，部分选项含义如下。

（1）模式　在线不要求在MCD中定义目标位置，忽略相关的仿真序列，通过建立的信号连接到运行时参数，从而在整个模拟过程中实时指定刚体的目标位置。脱机要求在MCD中定义目标位置，并在序列编辑器中自动添加到达目标位置的位置控制和仿真序列。

（2）刚体　指定移动的刚体。

（3）起始位置　指定刚体的初始参考位置和方位。

（4）目标位置　目标位置组只适用在脱机模式下。定义刚体需要移动的目标位置和方位组。用户可以通过列表对目标位置进行管理。

（5）设置

1）避碰：只适用在脱机模式下。避碰是指在可能的情况下移动刚体到目标位置而不与其他几何体发生几何上的碰撞。

2）生成轨迹生成器：自动创建轨迹生成器，记录刚体运动的轨迹。

2. 动手操作——反算机构驱动（脱机）

（1）源文件　\chapter3_5_part\ABB_IRB_6640_235_255_IK. prt。

（2）目标　添加反算机构驱动，熟悉反算机构驱动脱机模式下的创建过程，并理解反算机构驱动的仿真行为。

（3）操作步骤

1）打开部件"ABB_IRB_6640_235_255_IK. prt"，如图 3-111 所示。

2）选择"文件"→"所有应用模块"→"机电概念设计"。

3）选择"文件"→"仿真"→"播放"，模型中已经添加了刚体和运动副，在重力作用下，机器人发生运动。

4）进入"主页"→"电气"→"反算机构驱动"按钮，打开"反算机构驱动"对话框。

① 模式：脱机。

② 刚体：在图形窗口中选择需要驱动的刚体，如选择如图 3-112 所示的刚体 J6。

③ 起始位置

● 指定点：设置选择范围为"整个装配"，如图 3-113 所示。选择刚体 J6 上圆心为指定点，选择圆心如图 3-114 所示。

● 指定方位：使用默认方位，指定方位如图 3-115 所示。

④ 设置欧拉角约定：X-Y-Z。

图 3-110　"反算机构驱动"对话框

图 3-111　部件"ABB_IRB_6640_235_255_IK. prt"

图 3-112　选择刚体 J6

图 3-113　设置选择范围

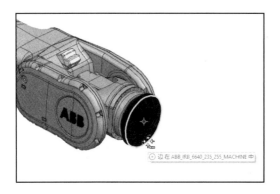

图 3-114　选择圆心

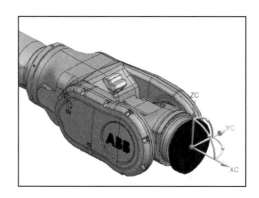

图 3-115　指定方位

⑤ 目标位置

a. 单击按钮⊕添加"姿态1"。

💡**注意：**

默认新添加的姿态与前一个姿态重合，第一个姿态与起始参考姿态重合。

- 修改"姿态1"的位置为（1000.0，0.0，1200.0），如图 3-116 所示。
- 绕 YC 轴顺时针方向旋转 90°，如图 3-117 所示。

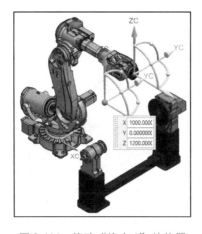

图 3-116　修改"姿态1"的位置

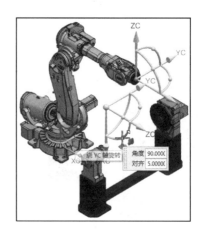

图 3-117　绕 YC 轴顺时针方向旋转 90°

● 此时，姿态列表如图 3-118 所示。

名称	位置[mm]	欧拉角[rad]	
姿态 1	(1000.000, 0.000, 1200.000)	(0.000, 1.571, 0.000)	

图 3-118 姿态列表

b. 单击按钮 ⊕ 添加"姿态 2"。

● 修改"姿态 2"的位置为圆弧中心，坐标为（1550.0，–600.0，964.0），如图 3-119 所示。

● 绕 ZC 轴顺时针方向旋转 90°，如图 3-120 所示。

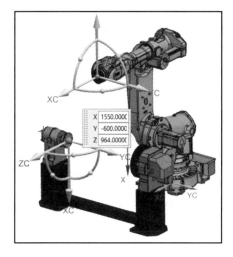

图 3-119 修改"姿态 2"的位置

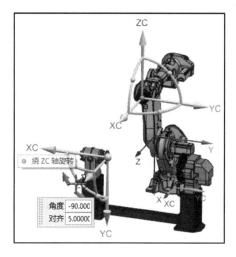

图 3-120 绕 ZC 轴逆时针方向旋转 90°

● 此时，姿态列表如图 3-121 所示。

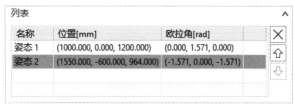

图 3-121 姿态列表

c. 在姿态列表中选择"姿态 1"，单击按钮 ⊕ 插入一个新姿态，此时新添加的姿态命名为"姿态 2"且与"姿态 1"位置重合，原"姿态 2"下移变成"姿态 3"。

● 修改"姿态 2"的位置为（1000.0，0.0，1000.0）。

- 此时，姿态列表如图 3-122 所示。

图 3-122　姿态列表

d. 在姿态列表中选择"姿态 2"，单击按钮 ⬇ 将"姿态 2"下移，此时姿态列表如图 3-123所示。

图 3-123　姿态列表

⑥ 输入名称：InverseKinematics。

⑦ 单击"确定"按钮。

5）打开机电导航器，如图 3-124 所示，此时添加的反算机构驱动显示在传感器和执行器文件夹下，同时自动创建了位置控制放置在 InverseKinematics 文件夹下。打开序列编辑器，如图 3-125 所示，自动创建的仿真序列放置在 InverseKinematics 文件夹下。

图 3-124　机电导航器

6）单击"文件"→"仿真"→"播放"，此时机器人的端点会按照给定的目标位置组进行运动。

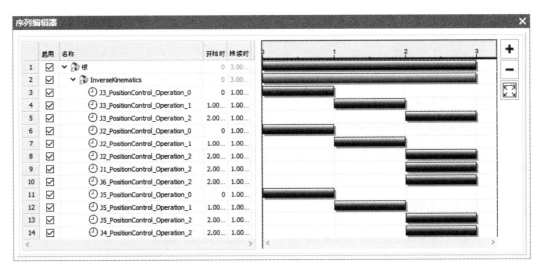

图 3-125　序列编辑器

7）单击"文件"→"仿真"→"停止"，此时模型复位。

3. 动手操作——反算机构驱动（在线）

（1）源文件　\chapter3_5_part\ABB_IRB_6640_235_255_IK. prt。

（2）目标　添加反算机构驱动，熟悉反算机构驱动在线模式的创建过程，并理解反算机构驱动的仿真行为。

说明：这个案例需要启动两次 NX MCD，在 NX MCD-1 中通过反算机构驱动的脱机模式模拟机器人运动，采用 SHM 通信协议将机器人的运动方位实施传递出来。在 NX MCD-2 中通过 SHM 通信协议获取机器人运动方位，并通过信号输入反算机构驱动，从而实现在线控制机器人进行运动。

（3）操作步骤

1）启动一个 NX MCD，称为 NX MCD-1。

2）在 NX MCD-1 中打开部件"ABB_IRB_6640_235_255_IK_Server. prt"

3）选择"文件"→"自动化"→"MCD 信号服务器配置"，打开"SHM 信号服务器"页面。

① 记住 SHM 名称是"MCDSHM"。

② 单击"创建 SHM"按钮。

③ 在弹出的信息框中单击"确定"。

④ 再次单击"确定"。

4）启动另一个 NX MCD，称为 NX MCD-2。

5）在 NX MCD-2 中打开部件"ABB_IRB_6640_235_255_IK_Client. prt"。

6）选择"文件"→"所有应用模块"→"机电概念设计"。

7）选择"文件"→"仿真"→"播放"，模型中已经添加了刚体和运动副，在位置控制和仿真序列的控制下机器人发生运动。

8）在机电导航器中找到反算机构驱动"InverseKinematics"，双击进入编辑对话框。

① 模式：在线。

② 设置欧拉角约定：X-Y-Z。

③ 单击"确定"。

④ 在弹出的警告对话框中单击"是"。

9）选择"文件"→"自动化"→"外部信号配置"，打开"SHM"页面。

① 单击按钮 ⊹ 添加新的 SHM。

② 输入 SHM 名称：MCDSHM。

③ 在 SHM 列表中选择行：MCDSHM，确认 SHM 数据输出存在数据，如图 3-126 所示。

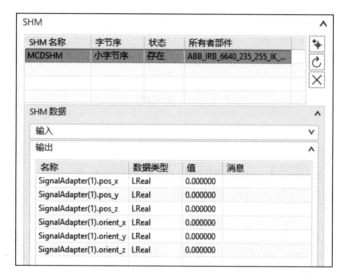

图 3-126　SHM 外部信号读取

④ 单击"确定"。

10）选择"文件"→"自动化"→"信号映射"。

① 类型：SHM。

② 输入 SHM 名称：MCDSHM。

③ 在外部信号列表中选择所有的信号，右击选择"创建同类 MCD 信号"，如图 3-127 所示。

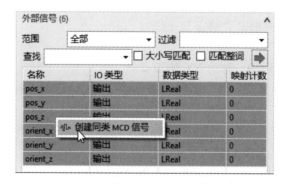

图 3-127　创建 MCD 信号

④ 在弹出的"创建同类 MCD 信号"对话框中：

- 创建选项：适配器。
- 输入信号适配器名称：SignalAdapter。
- 单击"确定"。

⑤ 在弹出的"将信号名称添加到符号表"对话框中单击"取消"。

⑥ 回到"信号映射"对话框，此时所有的信号都已经正确连接，如图 3-128 所示。

连接名称	MCD 信号名称	方	外部信号名称	所有者组件	消息
SHM.MCDSHM					
SignalAdapter_pos_x_pos_x	pos_x	←	SignalAdapter(1).pos_x		
SignalAdapter_pos_y_pos_y	pos_y	←	SignalAdapter(1).pos_y		
SignalAdapter_pos_z_pos_z	pos_z	←	SignalAdapter(1).pos_z		
SignalAdapter_orient_x_orient_x	orient_x	←	SignalAdapter(1).orient_x		
SignalAdapter_orient_y_orient_y	orient_y	←	SignalAdapter(1).orient_y		
SignalAdapter_orient_z_orient_z	orient_z	←	SignalAdapter(1).orient_z		

图 3-128　信号映射连接表

⑦ 单击"确定"。

11）打开机电导航器，找到上一步创建的信号适配器"SignalAdapter"，右击选择"编辑"。

① 在参数列表中选择机电对象：反算机构驱动"InverseKinematics"。

- 参数名称为：位置.x，单击按钮 ✛ 添加参数。
- 修改参数名称为：位置.y，单击按钮 ✛ 添加参数。
- 依次将剩余位置和方向参数添加到参数列表中，如图 3-129 所示。

指	别名	对象	对象类型	参数	值	单..	数...	证
	Parameter_1	InverseKinematics	反算机构驱动	位置.x	1662.500000	mm	矢量	W
	Parameter_2	InverseKinematics	反算机构驱动	位置.y	0.000000	mm	矢量	W
	Parameter_3	InverseKinematics	反算机构驱动	位置.z	2055.000000	mm	矢量	W
	Parameter_4	InverseKinematics	反算机构驱动	方向.alpha	0.000000	°	矢量	W
	Parameter_5	InverseKinematics	反算机构驱动	方向.beta	-0.000000	°	矢量	W
	Parameter_6	InverseKinematics	反算机构驱动	方向.gamma	-0.000000	°	矢量	W

图 3-129　参数列表

② 勾选"参数 Parmater_1"，并在公式列表中指派信号，如图 3-130 所示。

③ 依次勾选参数，并指派信号，如图 3-131 所示。

④ 单击"确定"。

12）在 NXMCD-2 中单击"文件"→"仿真"→"播放"。

13）在 NXMCD-1 中单击"文件"→"仿真"→"播放"，观察 NXMCD-2 中的机器人运动，此时 NXMCD-2 中机器人的运动与 NXMCD-1 中机器人的运动一致。

14）单击"文件"→"仿真"→"停止"，此时模型复位。

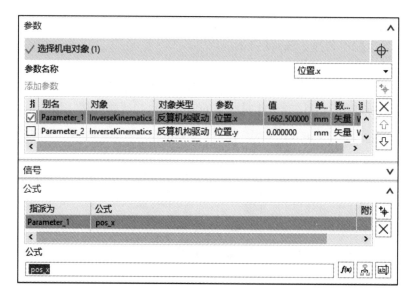

图 3-130　指派信号

指派为	公式	附注	
Parameter_1	pos_x		
Parameter_2	pos_y		
Parameter_3	pos_z		
Parameter_4	orient_x		
Parameter_5	orient_y		
Parameter_6	orient_z		

图 3-131　公式列表

3.5.5　姿态定义

在机电概念设计环境中，进入"主页"→"电气"工具栏中单击"姿态定义"按钮，可以创建姿态定义对象。当希望验证运动副的类型、运动副的开始和结束限制与运动副之间作用关系时，可以使用"姿态定义"命令。在"姿态定义"对话框中可以使用拖动条独立地对"滑动副""铰链副""柱面副"和"螺旋副"进行控制，从而不需要将整个运动模型完整地定义出来。

在使用"姿态定义"命令时，以下功能将被抑制：速度和位置控制执行机构；液压和气动执行机构；力/扭矩控制执行机构；传输面；仿真命令，如播放、停止、暂停等；重力。

在同一个模型中，可以使用"姿态定义"命令创建多个姿态。通过在"机电导航器"中单击姿态定义的节点来查看不同的姿态。如果在一个装配中使用了一个模型的多个实例，可以使用"姿态定义"为每个实例创建相同的或者不相同的姿态。

1. 定义姿态

"姿态定义"对话框如图 3-132 所示，部分选项含义如下。

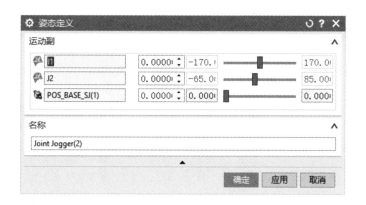

图 3-132　姿态定义

运动副：识别模型中的运动副，支持"滑动副""铰链副""柱面副"和"螺旋副"，并对运动副进行位置控制。

2. 动手操作——姿态定义

（1）源文件　\chapter3_5_part\ABB_IRB_6640_235_255_IK. prt。

（2）目标　添加姿态定义，熟悉姿态定义的创建过程，并理解姿态定义的仿真行为。

（3）操作步骤

1）打开部件"ABB_IRB_6640_235_255_IK. prt"，如图 3-133 所示。

图 3-133　部件"ABB_IRB_6640_235_255_IK"

2）选择"文件"→"所有应用模块"→"机电概念设计"。

3）进入"主页"→"电气"→"姿态定义" ▷，打开"姿态定义"对话框。

① 运动副组中列出了所有支持的运动副，如图 3-134 所示。

② 拖动运动副的滑动条改变当前运动副的角度。

③ 单击"确定"。

4）打开机电导航器，此时添加的姿态定义显示在传感器和执行器文件夹下，如图 3-135所示。

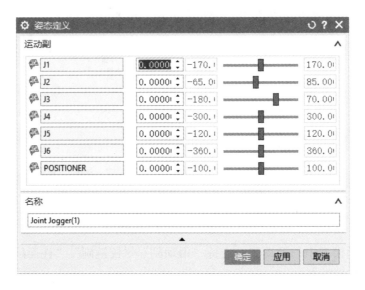

图 3-134　姿态定义

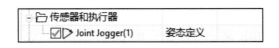

图 3-135　机电导航器

5）在机电导航器中，单击上一步创建的姿态定义，此时机器人姿态发生变化。

3.6　传感器

3.6.1　倾角传感器

在机电概念设计环境中，进入"主页"功能区→"电气"工具栏中单击"倾角传感器"按钮，创建倾角传感器。倾角传感器依附在刚体上，将刚体的空间角度方向进行输出，还可以选择缩放输出，将刚体角度值表示为常量、电压或电流输出，也可以对输出值进行修剪。

1. 定义倾角传感器

"倾角传感器"对话框如图 3-136 所示，部分选项含义如下。

（1）选择对象　选择倾角传感器所测量的刚体对象。

（2）指定坐标系　指定作为原始位置的参考坐标系。

（3）角类型　包括偏航/俯仰/滚转或欧拉。

（4）修剪　勾选"修剪"后，将检测到的数值进行修剪，如图 3-137 所示。

（5）比例　勾选"比例"后，将修剪后的数值进行指定量度类型的比例缩放，如图 3-138 所示。

图 3-136　倾角传感器对话框

图 3-137　修剪后输出　　　　　　　　　图 3-138　修剪后比例输出

　　机电概念设计中倾角传感器用来获得刚体在空间中从一个用于表示某个固定参考系的、已知的方向，经过一系列基本旋转得到新的、代表另一个参考系的方向的角度。这里 MCD 提供两种基本角类型："偏航/俯仰/滚转"和"欧拉"。理解这两种测量方式，首先知道坐标系的定义，用户在倾角传感器中指定的坐标系称为原始位置的参考坐标系 xyz；用户在倾角传感器中选择了刚体，该刚体对象的坐标系称为旋转坐标系 XYZ，如图 3-139a 所示。设定 xyz 轴为参考（原始）系的轴，XYZ 轴为旋转（刚体）坐标系的轴。交轨线 N 是 xy 平面和 YZ 平面的相交线。

　　1）Φ 是 Y 轴和交轨线 N 之间的夹角。

　　2）θ 是 X 轴和 XY 平面之间的夹角。

　　3）ψ 是 Y 轴和交轨线 N 之间的夹角。

　　欧拉角为 z-x-z 顺归欧拉角。如图 3-139b 所示，设定 xyz 轴为参考（原始位置）坐标系的轴，XYZ 轴为旋转（刚体）坐标系的轴。交轨线 N 是 xy 平面和 YZ 平面的相交线。

　　1）α 是 x 轴和交轨线 N 之间的夹角。

　　2）β 是 z 轴和 Z 轴之间的夹角。

　　3）γ 是 X 轴和交轨线 N 之间的夹角。

　　倾角传感器的输出对应关系见表 3-4。

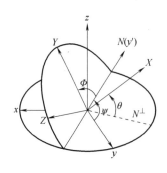

a) 偏航/俯仰/滚转示意

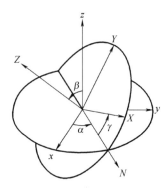

b) 欧拉角示意

图 3-139　偏航/俯仰/滚转与欧拉角示意图

表 3-4　倾角传感器输出对应关系

输 出 参 数	偏航/俯仰/滚转	欧 拉 角
angle. x	Φ	α
angle. y	θ	β
angle. z	ψ	γ

2. 动手操作——倾角传感器

（1）源文件　\chapter3_6_part\Inclinometer_plane. prt。

（2）目标　添加倾角传感器，熟悉倾角传感器的创建过程，并理解倾角传感器的仿真行为。

（3）　操作步骤

1）打开部件"Inclinometer_plane. prt"，如图 3-140 所示。

2）单击"主页"功能区→"电气"工具栏→"倾角传感器"按钮，打开"倾角传感器"对话框，如图 3-141 所示。

① 在图形窗口中选择需要测量的刚体对象，例如：刚体 Plane。

② 指定坐标系：单击按钮打开"坐标系"对话框。

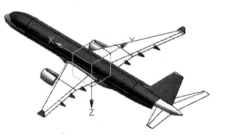

图 3-140　部件"Inclinometer_plane"

名称 ▲	类型	所有者组件
基本机电对象		
☑ Plane	刚体	

图 3-141　选择刚体"Plane"

● 坐标系类型：动态

- 参考：选定坐标系
- 选择参考坐标系：基准坐标系（2）
- 单击"确定"按钮。

③ 选择角类型：偏航/俯仰/滚转。

④ 输入名称"Plane_Inclinometer"。

⑤ 单击"确定"按钮。

3）打开"机电导航器"，此时添加的刚体显示在"传感器和执行器"文件夹下，如图 3-142 所示。

图 3-142　机电导航器

4）选择上一步创建的倾角传感器"Plane_Inclinometer"，右击在快捷菜单中选择"添加到运行时察看器"。

5）单击"文件"→"仿真"工具栏→"播放"按钮，在"运行时察看器"中观察倾角传感器的输出角度。

6）单击"文件"→"仿真"工具栏→"停止"按钮，此时仿真模型复位。

3.6.2　通用传感器

在机电概念设计环境中，进入"主页"功能区→"电气"工具栏中单击"通用传感器"按钮，创建通用传感器。在仿真过程中，机电对象的运行时参数会实时变化，例如位置、角度、状态等。这些运行时参数可能是双精度型、整型、布尔型或字符串型，其中双精度型运行时参数可以使用通用传感器命令进行输出。通用传感器选择将检测到的参数在一个设定的范围内进行输出，也可以选择将修剪后的参数转换成常数、电压或电流输出。

1. 定义通用传感器

"通用传感器"对话框如图 3-143 所示，部分选项含义如下。

（1）机电对象　选择任意机电对象，若选择的机电对象中存在双精度型运行时参数，这些双精度型运行时参数将出现在参数名称列表中。

（2）参数名称　列出机电对象中的双精度型运行时参数。

（3）修剪　勾选"修剪"后，可以设定输出范围，如图 3-144 所示。

（4）比例　勾选"比例"后，可以将修剪后的结果按比例转换成常数、电压或电流输出，如图 3-145 所示。

图 3-143　通用传感器对话框

图 3-144　修剪后输出

图 3-145　修剪后比例输出

2. 动手操作——通用传感器

（1）源文件　\chapter3_6_part\GenericSensor.prt。

（2）目标　添加通用传感器，熟悉通用传感器的创建过程，并理解通用传感器的仿真行为。

动手操作——
通用传感器

（3）　操作步骤

1）打开部件"GenericSensor.prt"，如图 3-146 所示。

2）单击"主页"功能区→"机械"工具栏→"通用传感器"按钮，打开"通用传感器"对话框。

① 选择连接的滑动副：Gripper_SlidingJoint（1），如图 3-147 所示。

② 选择参数名称：定位。

③ 单击"确定"按钮。

3）打开"机电导航器"，此时添加的通用传感器显示在"传感器和执行器"文件夹下，如图 3-148 所示。

图 3-146　部件"GenericSensor"

图 3-147　选择滑动副"Gripper_SlidingJoint（1）"

图 3-148　机电导航器

4）打开序列编辑器。

① 勾选仿真序列 StopGripper ☑启用。

② 编辑仿真序列 StopGripper，将第 2）步创建的通用传感器作为仿真序列的条件，如图 3-149 所示。

③ 单击"确定"按钮。

5）单击"文件"→"仿真"工具栏→"播放"按钮，此时吸盘抓手落下，当滑动副的位置 < −800mm 时，吸盘抓手减速并停在绿色物块上方。

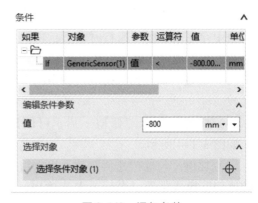

图 3-149　添加条件

6）单击"文件"→"仿真"工具栏→"停止"按钮，此时仿真模型复位。

3.6.3　限位开关

在机电概念设计环境中，进入"主页"功能区→"电气"工具栏中单击"限位开关"按钮，创建限位开关传感器。在仿真过程中，机电对象的运行时参数会实时变化，例如位置、角度、状态等。这些运行时参数可能是双精度型、整型、布尔型或字符串型。其中双精度型运行时参数可以作为限位开关的输入条件，当运行时参数超过上限（不包含）或者下限（不包含）时，输出 true；当运行时参数在上限（包含）和下限（包含）之间时，输出 false，如图 3-150 所示。

例如：限位开关启用下限，下限为 10.0；启用上限，上限为 90.0。运行时参数 R，变化范围是 $[0.0，100.0]$，变化曲线如图 3-151 所示。

图 3-150　限位开关运行时参数上限和下限

- 当 $R = 5.0$ 时，限位开关输出 true
- 当 $R = 10.0$ 时，限位开关输出 false
- 当 $R = 50.0$ 时，限位开关输出 false
- 当 $R = 90.0$ 时，限位开关输出 false
- 当 $R = 95.0$ 时，限位开关输出 true
- 当 $R = 90.0$ 时，限位开关输出 false
- 当 $R = 50.0$ 时，限位开关输出 false
- 当 $R = 10.0$ 时，限位开关输出 false
- 当 $R = 5.0$ 时，限位开关输出 true

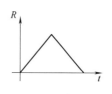

图 3-151　变化曲线

1. 定义限位开关

"限位开关"对话框如图 3-152 所示，部分选项含义如下。

（1）机电对象　选择任意机电对象，若选择的机电对象中存在双精度型运行时参数，这些双精度型运行时参数将出现在参数名称列表中。

（2）限制

1）启用下限：勾选该项后，设置下限触发值。

2）启用上限：勾选该项后，设置上限触发值。

2. 动手操作——限位开关

（1）源文件　\chapter3_6_part\LimitSwitch. prt。

（2）目标　添加限位开关，熟悉限位开关的创建过程，并理解限位开关的仿真行为。

图 3-152　限位开关对话框

（3）　操作步骤

1）打开部件"LimitSwitch. prt"，如图 3-153 所示。

2）单击"主页"功能区→"机械"工具栏→"限位开关" 按钮，打开"限位开关"对话框。

① 选择连接的滑动副：Piston_SlidingJoint(1)，如图 3-154 所示。

② 选择参数名称：定位。

③ 勾选"启用下限" ☑，设置下限值 1mm。（初始位置为 0，运动范围是 [0, 150]。在考虑运动误差的情况下，这里输入下限检测位置 1mm）

④ 输入名称"LimitSwitch_HOME"。

⑤ 单击"确定"按钮。

3）单击"主页"功能区→"机械"工具栏→"限位开关"按钮，打开"限位开关"对话框。

① 选择连接的滑动副：Piston_SlidingJoint(1)。

② 选择参数名称：定位。

图 3-153　部件"LimitSwitch"

③ 勾选"启用下限" ☑，设置上限值 149mm。（初始位置为 0，运动范围是 [0, 150]。在考虑运动误差的情况下，这里输入上限检测位置 149mm）。

④ 输入名称"LimitSwitch_FWD"。

⑤ 单击"确定"按钮。

4）打开"机电导航器"，此时添加的限位开关显示在"传感器和执行器"文件夹下，如图 3-155 所示。

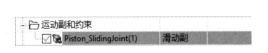

图 3-154　选择滑动副"Piston_SlidingJoint(1)"

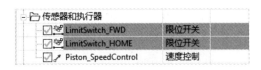

图 3-155　机电导航器

5）选择上面创建的限位开关 LimitSwitch_HOME 和 LimitSwitch_FWD，右击在快捷菜单中选择"添加到运行时察看器"。

6）单击"文件"→"仿真"工具栏→"播放"按钮，在"运行时察看器"中观察限位开关的输出状态。

7）当活塞推出到达顶点时，LimitSwitch_FWD 切换值为 true。

8）当活塞退回到起始点时，LimitSwitch_HOME 切换值为 true。

9）单击"文件"→"仿真"工具栏→"停止"按钮，此时仿真模型复位。

3.6.4　继电器

在机电概念设计环境中，进入"主页"→"电气"工具栏中单击"继电器"按钮，创建继电器。在仿真过程中，机电对象的运行时参数会实时变化，例如位置、角度、状态等。这些运行时参数可能是双精度型、整型、布尔型或字符串型。其中双精度型运行时参数可以作为继电器的输入条件，当运行时参数超过上限（不包含）时，输出由 false 变成 true；当运行时参数小于下限（不包含）时，输出由 true 变成 false；当运行时参数在上限（包含）和下限（包含）之间时，输出状态不发生变化，如图 3-156 所示。

例如：继电器下切换点为 10.0；上切换点为 90.0。运行时参数 R 变化范围是 [0.0，100.0]。变化曲线如图 3-157 所示。

图 3-156 继电器运行时参数上限和下限

- 当 $R=5.0$ 时，继电器输出 false
- 当 $R=10.0$ 时，继电器输出 false
- 当 $R=50.0$ 时，继电器输出 false
- 当 $R=90.0$ 时，继电器输出 false
- 当 $R=100.0$ 时，继电器输出 true
- 当 $R=90.0$ 时，继电器输出 true
- 当 $R=50.0$ 时，继电器输出 true
- 当 $R=10.0$ 时，继电器输出 true
- 当 $R=5.0$ 时，继电器输出 false

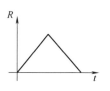

图 3-157 变化曲线

1. 定义继电器

"继电器" 对话框如图 3-158 所示，部分选项含义如下。

（1）机电对象 选择任意机电对象，若选择的机电对象中存在双精度型运行时参数，这些双精度型运行时参数将出现在参数名称列表中。

（2）限制

1）下切换点：设置下切换点数值。

2）上切换点：设置上切换点数值。

2. 动手操作——继电器

（1）源文件 \chapter3_6_part\LimitSwitch.prt。

（2）目标 添加继电器，熟悉继电器的创建过程，并理解继电器的仿真行为。

（3）操作步骤

1）打开部件 "LimitSwitch.prt"，如图 3-159 所示。

2）单击 "主页" 功能区→"机械" 工具栏→"继电器" 按钮，打开 "继电器" 对话框。

图 3-158 继电器对话框

① 选择连接的滑动副：Piston_SlidingJoint（1），如图 3-160 所示。

② 选择参数名称：定位。

③ 设置下切换点：10.0mm。

④ 设置上切换点：140.0mm。

⑤ 输入名称 "Relay"。

⑥ 单击 "确定" 按钮。

3）打开 "机电导航器"，此时添加的继电器显示在 "传感器和执行器" 文件夹下，如图 3-161 所示。

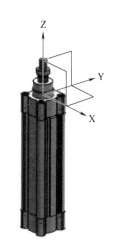

图 3-159 部件 LimitSwitch

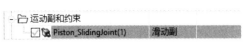

图 3-160　滑动副"Piston_SlidingJoint（1）"

图 3-161　机电导航器

4）选择上面创建的继电器 Relay 右击，在快捷菜单中选择"添加到运行时察看器"。

5）单击"文件"→"仿真"工具栏→"播放"按钮，在"运行时察看器"中观察继电器的输出状态。

① 当活塞推出：

- Piston_SlidingJoint（1）定位≤140.0mm，Relay 切换值为 false
- Piston_SlidingJoint（1）定位>140.0mm，Relay 切换值为 true

② 当活塞缩回：

- Piston_SlidingJoint（1）定位≥10.0mm，Relay 切换值为 true
- Piston_SlidingJoint（1）定位<10.0mm，Relay 切换值为 false

6）单击"文件"→"仿真"工具栏→"停止"按钮，此时仿真模型复位。

3.7　仿真过程控制

3.7.1　表达式块

在机电概念设计环境中，进入"主页"功能区→"机械"工具栏中单击"表达式块"按钮，创建表达式块。在某些案例的运行中具有一些数学逻辑，例如搬运装箱，这些可以使用仿真序列来实现，但是实现过程比较复杂、不灵活，并且不能重复使用；还可以通过运行时表达式来实现，但是依然很难在类似的案例里面重复使用。使用表达式块可以很好地解决以上问题，使用表达式块可以实现以下功能：

1）复制现有表达式块中的各项参数和表达式，创建新的表达式块。

2）导出现有的表达式块至 XML 模板文件。

3）导入 XML 模板文件，创建新的表达式块。

4）将运行时表达式进行分组并一起管理。

5）输入或输出类型的运行时表达式可以连接到物理对象的运行时参数。

1. 定义表达式块

"表达式块"对话框如图 3-162 所示，部分选项含义如下。

（1）导入自

1）现有表达式块：选择当前模型中的表达式块，并复

图 3-162　表达式块对话框

制表达式块中的各项参数和表达式用来创建新的表达式块。

2）外部文件：选择一个包含表达式块各项参数和表达式的 XML 模板文件来创建新的表达式块。

（2）描述　表达式块的文字说明。

（3）运行时参数和表达式

1）输入：表达式块的输入参数，可以被机电对象的运行时参数赋值。

2）输出：表达式块的输出参数，可以将机电对象的运行时参数输出。

3）参数：表达式块运算的中间参数。

4）状态：表达式块的状态参数。

5）表达式：表达式块的表达式列表，并可以自定义参数。

机电概念设计中表达式块可以创建五种类型的变量，这些变量在定义过程和仿真过程中有不同的行为，见表 3-5。

表 3-5　变量种类说明

类　　型	连接机电对象	只读属性	公　　式	注　　释
输入	可以	可读/可写①	—	①若连接了机电对象，此时输入参数只读
输出	可以	只读	可输入公式	
参数	—	可读/可写	可输入公式	
状态	—	只读	可输入公式	
自定义参数	—	只读	可输入公式	

例 1：表达式块未连接机电对象，仿真过程中将表达式块添加到运行时察看器后，可以通过运行时察看器对"输入"和"参数"类型变量进行修改；"输出""状态"和"自定义参数"为只读，不能在运行时察看器中进行修改，如图 3-163 所示。

例 2：表达式块"输入"和"输出"均连接了机电对象，仿真过程中将表达式块添加到运行时察看器后，可以通过运行时察看器对"参数"类型变量进行修改；"输入""输出""状态"和"自定义参数"为只读，不能在运行时察看器中进行修改，如图 3-164 所示。

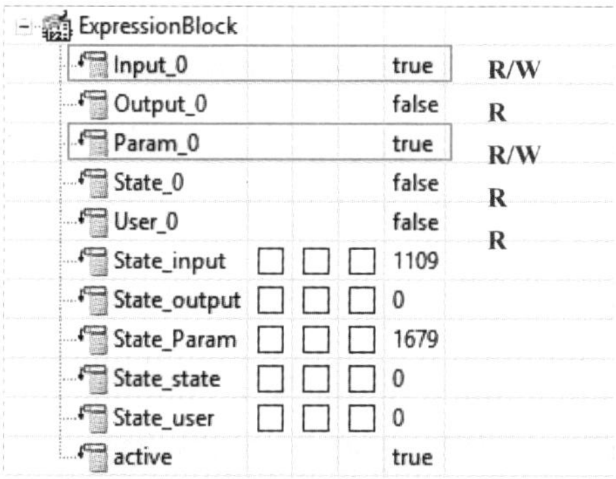

图 3-163　运行时察看器（一） 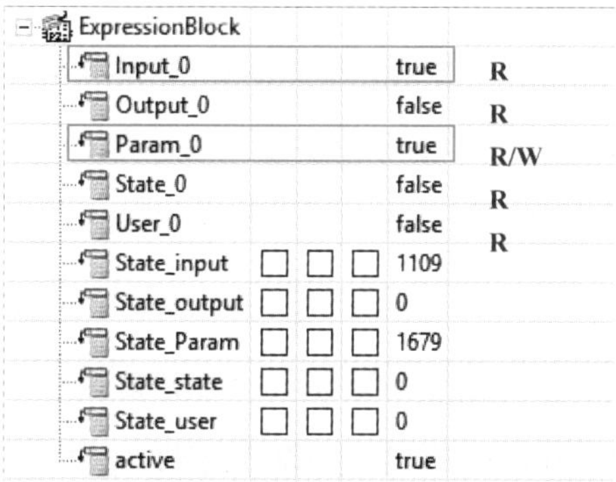　　　　图 3-164　运行时察看器（二）

机电概念设计中表达式块的导出没有单独的按钮。创建完表达式块之后，可以在表达式块的右键菜单中选择"导出"，从而导出表达式 XML 模板，如图 3-165 所示。

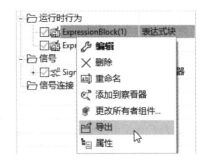

图 3-165　表达式块右键菜单

2. 动手操作——表达式块

（1）源文件　\chapter3_7_part_3_2_1-5axis_xyzac_nx85_ok. prt。

（2）目标　添加表达式块，熟悉表达式块的创建过程，并理解表达式块的仿真行为。

（3）操作步骤

1）打开部件"_3_2_1-5axis_xyzac_nx85_ok. prt"，如图 3-166 所示。

2）单击"主页"功能区→"机械"工具栏→"表达式块" 按钮，打开"表达式块"对话框。

① 导入自：选择"外部文件"。

● 单击"从模板文件加载"，选择模板文件"XY_MOVE. xml"

② 模板文件中表达式块的定义会加载至对话框的"内容栏"中。

③ 单击"输出"页，选择 Output_X 行，此时"连接"栏激活。选择：

● 机电对象：X- Control

● 参数名称：定位

④ 选择 Output_Y 行，选择：

● 机电对象：Y- Control

● 参数名称：定位

⑤ 输入名称"ExpressionBlock"。

⑥ 单击"确定"按钮。

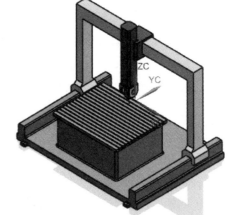

图 3-166　部件"_3_2_1-5axis_xyzac_nx85_ok"

3）打开"机电导航器"，此时添加的表达式块显示在"运行时行为"文件夹下，如图 3-167 所示。

图 3-167　机电导航器

4）选择上一步创建的表达式块"ExpressionBlock"，右击在快捷菜单中选择"添加到运行时察看器"。

5）单击"文件"→"仿真"工具栏→"播放"按钮，在"运行时察看器"中双击 Execute，表达式块开始运算，并输出 Output_X 和 Output_Y 至 X、Y 轴；双击 Pause，运算暂停，Output_X 和 Output_Y 不再变化；再次双击，继续运算，输出 Output_X 和 Output_Y 至 X、Y 轴；双击 Reset，表达式块复位至初始值。

6）单击"文件"→"仿真"工具栏→"停止"按钮，此时仿真模型复位。表达式块控制的 X、Y 轴运行轨迹会通过曲线的方式呈现在视图中。

3.7.2　读写设备

在机电概念设计环境中，进入"主页"功能区→"机械"工具栏中单击"读写设备"按钮，创建读写设备。在设计案例时，有的时候需要为刚体定义不同的属性以进行区分，尤其是通过对象源拷贝生成的对象，需要通过读写设备来实现。在仿真过程中，使用读写设备来分配或读取由标记表单和标记表确定的值。读写设备有两种类型：写入设备和读取设备。写入设备用来分配由标记表单和标记表确定的值至一某刚体上。读取设备用来从刚体上获得标记表单记录的属性值。

1. 定义标记表单

"标记表单"对话框如图 3-168 所示，部分选项含义如下。

（1）参数列表　参数列表用来显示参数和参数属性，参数列表中有三个默认参数：ID，名称和时间戳记。用户可以修改 ID 和名称的默认值；时间戳记由系统设置，用户不可以修改其默认值。

（2）参数属性

1）按用户定义：用户自定义参数名称、类型和默认值。

2）从信号：将一现有的信号添加到参数列表中。

2. 定义标记表

"标记表"对话框如图 3-169 所示，部分选项含义如下。

图 3-168　标记表单对话框

图 3-169　标记表对话框

（1）标记表单　选择现有的标记表单或者新建一个标记表单。

（2）值列表　将选定的标记表单中的属性添加到值列表中，并编辑值列表中的参数来更改每个实例参数值。

3. 定义读写设备

"读写设备"对话框如图3-170所示，部分选项含义如下。

（1）传感器 选择碰撞传感器，通过碰撞传感器为经过碰撞传感器区域的刚体添加或者读取标记表单属性值。

（2）标记表单 选择现有的标记表单或者新建一个标记表单。

（3）标记表 选择现有的标记表或者新建一个标记表。

（4）设备类型

1）读取设备：读取标记的设备。

2）写入设备：写入标记的设备。

（5）执行模式

1）无：碰撞传感器被触发后不执行。

2）始终：碰撞传感器被触发后即执行。

3）一次：碰撞传感器被触发后只执行一次，执行后执行模式变为"无"。

图3-170 读写设备对话框

4. 动手操作——读写设备

（1）源文件 \chapter3_7_part\RWDevice. prt。

（2）目标 添加读写设备，熟悉读写设备的创建过程，并理解读写设备的仿真行为。

（3）**操作步骤**

1）打开部件"RWDevice. prt"，如图3-171所示。

2）单击"主页"功能区→"机械"工具栏→"标记表单" 按钮，打开"标记表单"对话框。

① 选择参数属性：按用户定义。

② 选择名称：颜色。

③ 选择类型：列表型。

④ 值列表：

- Red(186)
- Orange(78)
- Yellow(6)
- Green(36)
- Cyan(31)
- Blue(211)
- Purple(164)

⑤ 选择运行时属性：随机。

⑥ 单击"接受"按钮。

图3-171 部件"RWDevice"

⑦ 参数列表中修改名称的值：Box。

⑧ 输入名称"Box_TagForm"。

⑨ 单击"确定"按钮。

3）单击"主页"功能区→"机械"工具栏→"标记表" 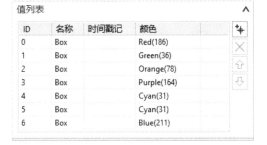 按钮，打开"标记表"对话框。

① 选择标记表单：Box_TagForm。

② 单击 ✛ 按钮添加标记表单至值列表，如图 3-172 标记表单列表所示。

③ 输入名称"TagTable"。

④ 单击"确定"按钮。

4）打开"机电导航器"，此时添加的标记表单和标记表显示在"传感器和执行器"文件夹下，如图 3-173 机电导航器所示。

5）单击"主页"功能区→"机械"工具栏→"读写设备"  按钮，打开"读写设备"对话框。

① 传感器：在"机电导航器"中选择碰撞传感器"Sensor_1"。

② 标记表单：选择 Box_TagForm。

③ 标记表：选择 TagTable。

④ 设备类型：选择"写入设备"。

⑤ 执行模式：选择"始终"。

⑥ 输入名称"WriteDevice"。

⑦ 单击"确定"按钮。

图 3-172　标记表单列表

图 3-173　机电导航器

6）继续创建读写设备，打开"读写设备"对话框。

① 传感器：在"机电导航器"中选择碰撞传感器"Sensor_2"。

② 标记表单：选择 Box_TagForm。

③ 标记表：选择 TagTable。

④ 设备类型：选择"读取设备"。

⑤ 执行模式：选择"始终"。

⑥ 输入名称"ReadDevice"。

⑦ 单击"确定"按钮。

7）选择上面创建的读写设备 WriteDevice 和 ReadDevice，右击在快捷菜单中选择"添加到运行时察看器"。

8）单击"文件"→"仿真"工具栏→"播放"按钮。

① 当小方块碰到 Sensor_1 时，WriteDevice 开始起作用，并将一系列参数附加到小方块上，如图 3-174 所示在运行时察看器中观察 WriteDevice 运行时参数。

② 当小方块碰到 Sensor_2 时，ReadDevice 开始起作用，并将小方块上的参数读取出来，如图 3-175 所示在运行时察看器中显示运行时参数。

9）单击"文件"→"仿真"工具栏→"停止"按钮，此时仿真模型复位。

ReadDevice				
设备类型	☐	☐	☐	0
执行模式	☐	☐	☐	1
活动的				true
ID	☐	☐	☐	0
名称				Box
时间戳记				2(s)
颜色				Red(186)
tag instances				
tag instance				
writer name				WriteDevice
tag form name				Box_TagForm
tag table name				TagTable
ID			☐	0
名称				Box
时间戳记				2(s)
颜色				Red(186)

WriteDevice				
设备类型	☐	☐	☐	1
执行模式	☐	☐	☐	1
活动的				true
ID	☐	☐	☐	0
名称				Box
时间戳记				2(s)
颜色				Red(186)

图 3-174　在运行时察看器中观察 WriteDevice 运行时参数　　图 3-175　在运行时察看器中显示运行时参数

3.7.3　显示更改器

在机电概念设计环境中，进入"主页"功能区→"机械"工具栏中单击"显示更改器"按钮，创建显示更改器。在仿真过程中，使用显示更改器命令来改变刚体对象或者几何体对象的显示特性。显示更改器可以附加到触发的主体上，例如碰撞传感器、刚体或几何图形，以设置其显示属性，包括颜色、半透明度和可见性。

1. 定义显示更改器

"显示更改器"对话框如图 3-176 所示，部分选项含义如下。

（1）对象　显示更改器可以选择碰撞传感器，以修改触发碰撞传感器的对象的显示特性，刚体或者几何对象的显示特性。

（2）执行模式

1）无：碰撞传感器被触发后不执行。

2）始终：碰撞传感器被触发后立即执行。

3）一次：碰撞传感器被触发后只执行一次，执行后执行模式变为"无"。

（3）颜色　设置修改后的颜色。

（4）半透明　设置修改后透明度。

（5）可见性　设置是否可见。

2. 动手操作——显示更改器

（1）源文件　\chapter3_7_part\RWDevice. prt。

（2）目标　添加显示更改器，熟悉显示更改器的创建过程，并理解显示更改器的仿真行为。

（3）操作步骤

1）打开部件"RWDevice. prt"，如图 3-177 所示。

2）单击"主页"功能区→"机械"工具栏→"显示更改器" ✏ 按钮，打开"显示更改器"对话框。

图 3-176　显示更改器对话框

① 选择对象：Sensor_1。

② 设置执行模式：始终。

③ 设置颜色：■红色。

④ 设置半透明：50。

⑤ 勾选"可见性"☑。

⑥ 输入名称"DisplayChanger"。

⑦ 单击"确定"按钮。

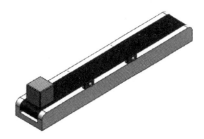

图 3-177　部件"RWDevice"

3）打开"机电导航器"，此时添加的显示更改器显示在"传感器和执行器"文件夹下，如图 3-178 所示。

4）单击"文件"→"仿真"工具栏→"播放"按钮，当小方块碰到 Sensor_1 时，显示更改器开始作用，接触到 Sensor_1 的小方块改为半透明红色，如图 3-179 所示。

图 3-178　机电导航器

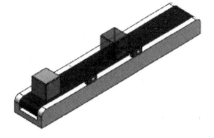

图 3-179　仿真结果

5）单击"文件"→"仿真"工具栏→"停止"按钮，此时仿真模型复位。

3.7.4　对齐体

在机电概念设计环境中，进入"主页"功能区→"机械"工具栏中单击"对齐体"按钮，创建对齐体。在仿真过程中，具有源对齐点的刚体向具有目标对齐点的刚体移动。可以在一个刚体上创建具有源角色的对齐体，在另一个刚体上或任意空间位置创建具有目标角色的对齐体，对齐体可以有效用于机床刀具的对齐和夹具对工件的抓取方面。

1. 定义对齐体

"对齐体"对话框如图 3-180 所示，部分选项含义如下。

（1）关联体　指定对齐体关联的刚体对象。

（2）方位

1）指定点：指定源或目标物体上对应的对齐点。

2）指定坐标系：指定源或目标物体上对应

图 3-180　对齐体对话框

的对齐坐标。

（3）设置

1）邻近度：指定对象进行对齐检测的半径。

2）角色：若是源角色，则需要关联到一个刚体上；若是目标角色，则可以关联到刚体上，也可以不关联到刚体上。源角色对齐体将移动到目标角色对齐体的位置。

（4）类别　只有定义在相同类别的对齐体才能起作用。

💡使用技巧：

1）对齐体可以依附在刚体上，并随着刚体的移动而移动。

2）只有不同角色的对齐体在满足条件后发生对齐移动，相同角色的对齐体满足条件后不会发生任何移动。

3）不同角色的对齐体发生对齐移动，还需要满足类别相同或者任意一个对齐体类别为0。

4）对齐体发生移动，不仅匹配指定点，还匹配坐标系。

5）角色为源的对齐体发生移动后，运行时参数活动的会自动由 ture 变成 false。

6）在仿真过程中，不同角色的对齐体发生作用时，对齐体运行时参数可能会不同。

例1：AB_Target 为目标角色对齐体，检测半径为 r；AB_Source 为源角色对齐体，检测半径为 R，$R > r$。

① 情况1：当两个对齐体 AB_Target 和 AB_Source 处于图3-181 所示位置时：AB_Target 的检测点没有进入 AB_Source 的检测范围，AB_Source 的检测点也没有进入 AB_Target 的检测范围。对齐体不会发生移动，此时各对齐体运行时参数值见表3-6。

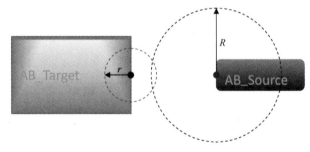

图3-181　对齐体位置示意图1

表3-6　运行时参数值

对 齐 体	运行时参数	值
AB_Target	检测	（null）
	被检测	false
	活动的	true
AB_Source	检测	（null）
	被检测	false
	活动的	true

② 情况2：当两个对齐体 AB_Target 和 AB_Source 处于图3-182 所示位置时：AB_Target 的检测点进入了 AB_Source 的检测范围，AB_Source 的检测点没有进入 AB_Target 的检测范围。对齐体 AB_Source 会发生移动，在发生移动之前各对齐体运行时参数值见表3-7。

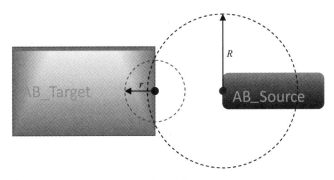

图 3-182 对齐体位置示意图 2

表 3-7 运行时参数值

对 齐 体	运行时参数	值
AB_Target	检测	(null)
	被检测	true
	活动的	true
AB_Source	检测	AB_Traget
	被检测	false
	活动的	true

③ 情况 3：对齐体发生移动，对齐体 AB_Source 移动到 AB_Target 位置，如图 3-183 所示位置时：AB_Source 移动到 AB_Target 位置之后，各对齐体运行时参数见表 3-8。

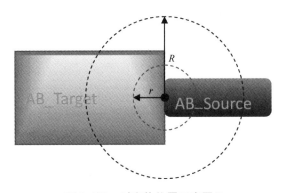

图 3-183 对齐体位置示意图 3

表 3-8 运行时参数值

对 齐 体	运行时参数	值
AB_Target	检测	(null)
	被检测	false
	活动的	true
AB_Source	检测	AB_Traget
	被检测	false
	活动的	false

例 2：AB_Target 为目标角色对齐体，检测半径为 r；AB_Source 为源角色对齐体，检测半径为 R，$r > R$。

① 情况 1：当两个对齐体 AB_Target 和 AB_Source 处于图 3-184 所示位置时：AB_Target 的检测点没有进入 AB_Source 的检测范围，AB_Source 的检测点也没有进入 AB_Target 的检测范围。对齐体不会发生移动，此时各对齐体运行时参数值见表 3-9。

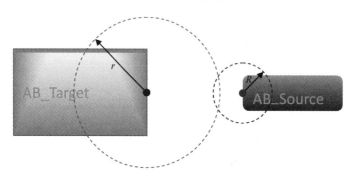

图 3-184　对齐体位置示意图 4

表 3-9　运行时参数值

对 齐 体	运行时参数	值
AB_Target	检测	（null）
	被检测	false
	活动的	true
AB_Source	检测	（null）
	被检测	false
	活动的	true

② 情况 2：当两个对齐体 AB_Target 和 AB_Source 处于图 3-185 所示位置时：AB_Target 的检测点进入了 AB_Source 的检测范围，AB_Source 的检测点没有进入 AB_Target 的检测范围。对齐体 AB_Source 会发生移动，在发生移动之前各对齐体运行时参数值见表 3-10。

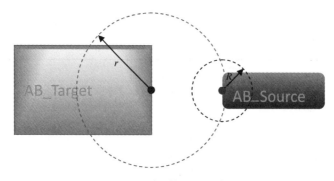

图 3-185　对齐体位置示意图 5

表 3-10　运行时参数值

对　齐　体	运行时参数	值
AB_Target	检测	AB_Source
	被检测	false
	活动的	true
AB_Source	检测	（null）
	被检测	true
	活动的	true

③ 情况 3：对齐体发生移动，对齐体 AB_Source 移动到 AB_Target 位置，如图 3-186 所示；AB_Source 移动到 AB_Target 位置之后，各对齐体运行时参数见表 3-11。

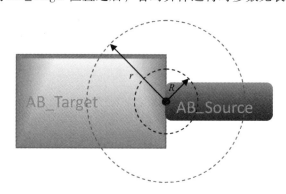

图 3-186　对齐体位置示意图 6

表 3-11　运行时参数值

对　齐　体	运行时参数	值
AB_Target	检测	AB_Source
	被检测	false
	活动的	true
AB_Source	检测	（null）
	被检测	false
	活动的	false

2. 动手操作——对齐体

（1）源文件　\chapter3_7_part_assem_AlignBody. prt。

（2）目标　添加对齐体，熟悉对齐体的创建过程，并理解对齐体的仿真行为。

（3）操作步骤

1）打开部件 "_assem_AlignBody. prt"，如图 3-187 所示。

2）单击 "文件"→"仿真" 工具栏→"播放" 按钮，观察吸盘抓取物料的位置，如图 3-188 所示，吸盘抓取物料时偏在一边。

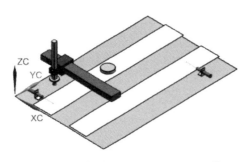

图 3-187　部件"_assem_AlignBody"

图 3-188　物料不对齐

3）在"装配导航器"中选择组件"Cylinder"，单击右键在快捷菜单中选择"设为工作部件"，如图 3-189 所示。

4）单击"主页"功能区→"机械"工具栏→"对齐体" ✖ 按钮，打开"对齐体"对话框。

① 选择关联体：刚体 Cylinder。

② 指定方位：如图 3-190 所示指定点和坐标系。

图 3-189　设为工作部件

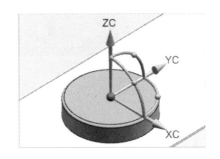

图 3-190　指定点和坐标系

③ 设置邻近度：30.0mm。

④ 选择角色：源。

⑤ 选择类别：0。

⑥ 输入名称"AlignBody_Source"。

⑦ 单击"确定"按钮。

5）在"装配导航器"中双击顶层装配"_assem_AlignBody"切换为工作部件。

6）再次打开"对齐体"对话框。

① 选择关联体：刚体 Grab_link_1。

② 指定方位：如图 3-191 所示指定点和坐标系。

③ 设置邻近度：30.0mm。

④ 选择角色：目标。

⑤ 选择类别：0。

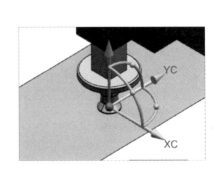

图 3-191　指定点和坐标系

⑥ 输入名称 "AlignBody_Target"。

⑦ 单击 "确定" 按钮。

7）打开 "机电导航器"，此时添加的对齐体显示在 "运行时行为" 文件夹下，如图 3-192 所示。

8）单击 AlignBody_Target 前的复选框取消勾选，设置 AlignBody_Target 默认状态为不活动，如图 3-193 所示。

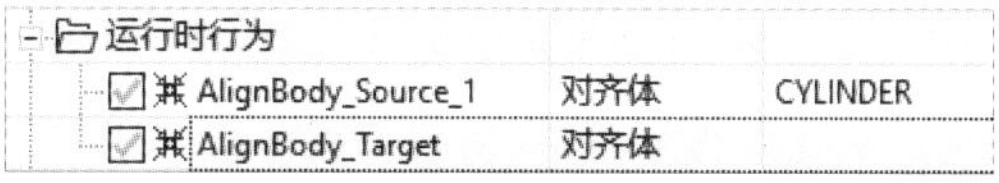

图 3-192　机电导航器

9）打开 "序列编辑器"，找到仿真序列 "Get_Body"，双击进入 "编辑" 对话框。

① 在 "条件" 栏中，单击根节点文件夹，选择对齐体 "AlignBody_Target" 添加图 3-194 所示条件。

图 3-193　取消 AlignBody_Target 复选框

图 3-194　添加条件

② 单击 "确定" 按钮。

10）找到仿真序列 "Active_AlignTarget"，双击进入 "编辑" 对话框。

① 在 "机电对象" 栏中，选择对齐体 "AlignBody_Target"，设置运动时参数 "活动的：= true"，如图 3-195 所示。

② 单击 "确定" 按钮。

11）找到仿真序列 "Deactive_AlignTarget"，双击进入 "编辑" 对话框。

① 在机电对象组中，选择对齐体 "AlignBody_Target"，设置运动时参数 "活动的：= false"，如图 3-196 所示。

图 3-195　设置运行时参数（一）　　　图 3-196　设置运行时参数（二）

② 单击 "确定" 按钮。

12）单击 "文件" → "仿真" 工具栏 → "播放" 按钮，观察吸盘抓取物料的位置。如图 3-197 所示，吸盘抓取物料时，物料发生移动，物料与吸盘对齐。

13）单击 "文件" → "仿真" 工具栏 → "停止" 按钮，此时仿真模型复位。

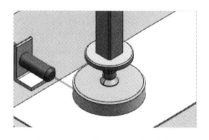

图 3-197　物料与吸盘对齐

3.7.5　动态对象实例化

在机电概念设计环境中，进入"主页"→"机械"工具栏中单击"动态对象实例化"按钮，创建动态对象实例化对象。使用对齐体命令来创建刚体对齐体源和对齐体目标，使用动态对象实例化可以定义对齐表。动态对象实例化命令只在仿真初始化时执行一次，将对齐表中动态对象移动到定义对齐体位置。一般采用动态对象实例化命令来初始化机床的刀具方位或初始化装配线上的物料方位。

如图 3-198 所示，在默认装配结构中刀具装配在刀具箱中。为了实现后续的换刀仿真，需要将刀具安装在刀架上。在不改变装配结构的情况下，通过动态对象实例化命令在仿真开始前初始化刀具位置来实现将刀具安装在刀架上。

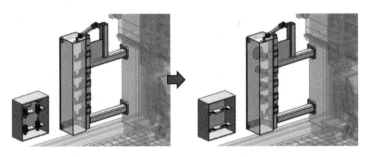

图 3-198　动态实例化作用效果图

1. 定义动态对象实例化

"动态对象实例化"对话框如图 3-199 所示，部分选项含义如下。

图 3-199　动态对象实例化对话框

（1）动态对象实例　对齐表，包括实例名称、定义对齐体、动态对象、符合对齐体和消息。

1）实例名称：指对齐关系名称。

2）定义对齐体：指目标方位。

3）动态对象：指刚体对象。

4）符合对齐体：指与动态对象刚体关联的对齐体。

5）消息：指提示信息。

（2）定义对齐体　选择一现有的对齐体或者新建对齐体作为目标方位。

（3）动态对象　选择需要初始化定位的刚体对象，以及与刚体关联的对齐体，或者新建一个与刚体关联的对齐体。

动手操作——动
态对象实例化

2. 动手操作——动态对象实例化

（1）源文件　\chapter3_7_part_ASM_NX12_MCD_ToolMagazine. prt。

（2）目标　添加动态对象实例化，熟悉动态对象实例化的创建过程，并理解动态对象实例化的仿真行为。

（3）`操作步骤`

1）打开部件"_ASM_NX12_MCD_ToolMagazine. prt"，如图 3-200 所示。

2）单击"主页"功能区→"机械"工具栏→"动态对象实例化"按钮，打开"动态对象实例化"对话框。

① 单击"新实例"按钮添加一个对齐实例，如图 3-201 所示。

② 定义对齐体：在对齐体下拉框中选择对齐体"ToolMagazine_SlotA"。

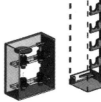

图 3-200　部件"_ASM_NX12_
MCD_ToolMagazine"

实例名称	定义对齐体	动态对象	符合对齐体	消息
Instance_#0				未指定义对齐体

图 3-201　添加新实例

③ 指定动态对象，如图 3-202 所示。

- 选择对象：刚体 Tool1
- 符合对齐体：Tool1_Source

实例名称	定义对齐体	动态对象	符合对齐体	消息
Instance_#0	ToolMagazine_SlotA	Tool1	Tool1_Source	

图 3-202　指定动态对象

④ 继续添加对齐实例，如图 3-203 所示。

实例名称	定义对齐体	动态对象	符合对齐体	消息
Instance_#0	ToolMagazine_SlotA	Tool1	Tool1_Source	
Instance_#1	ToolMagazine_SlotB	Tool2	Tool2_Source	
Instance_#2	ToolMagazine_SlotC	Tool3	Tool3_Source	
Instance_#3	ToolMagazine_SlotD	Tool4	Tool4_Source	

图 3-203　添加对齐实例

⑤ 输入名称 "DynamicObjectInstantiation"。

⑥ 单击 "确定" 按钮。

3）打开 "机电导航器"，此时添加的动态对象实例化对象显示在 "运行时行为" 文件夹下，如图 3-204 所示。

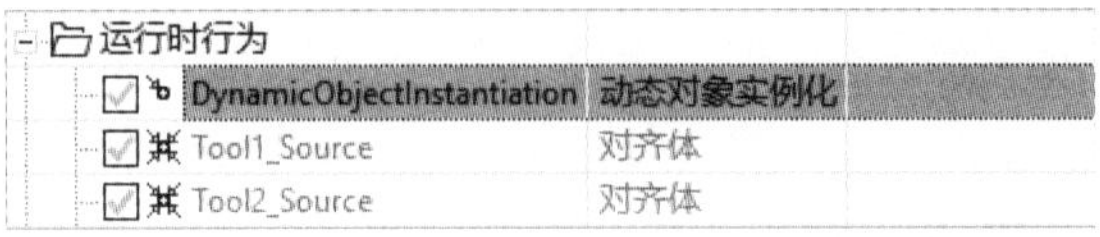

运行时行为		
☑ DynamicObjectInstantiation	动态对象实例化	
☑ Tool1_Source	对齐体	
☑ Tool2_Source	对齐体	

图 3-204　机电导航器

4）单击 "文件"→"仿真" 工具栏→"播放" 按钮，观察刀具的位置。如图 3-205 所示播放前刀具在刀具箱中，播放后刀具被移动到刀架指定位置。

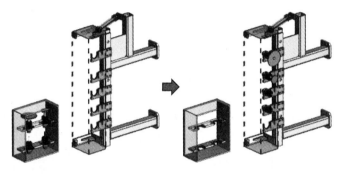

图 3-205　动态实例效果图

5）单击 "文件"→"仿真" 工具栏→"停止" 按钮，此时仿真模型复位。

第**4**章

虚拟调试准备

4.1 信号

4.1.1 信号简介

在 MCD 环境中，进入"主页"→"电气"工具栏中单击"信号"按钮，创建信号对象。
信号命令的作用是将信号连接到 MCD 对象，以控制运行时参数
或者输出运行时参数状态，还可以创建布尔型、整数型和双精度
型信号。利用信号命令在 MCD 内部控制机械运动，也可以将这
些 MCD 信号用于与外部信号进行数据交换，如图 4-1 所示。

MCD 信号与外部信号连接目前支持以下协议：OPC DA、
SHM、OPC UA、TCP、PLCSIM Adv、UDP、Profinet。

MCD 可以和 MATLAB 进行联合仿真，通过 MATLAB 的控制
逻辑驱动 MCD 的数字化执行机构。

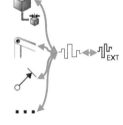

图 4-1 信号工作示意图

1. 定义信号

"信号"对话框如图 4-2 所示，部分选项含义如下。

（1）连接运行时参数 勾选表示信号与 MCD 对象
直接关联，取消勾选表示信号不与任何 MCD 对象有直
接关联。

（2）选择机电对象

当勾选"连接运行参数"之后可以选择机电对象，
这里可以指定：

- 参数名称
- IO 类型
- 数据类型
- 初始值

（3）名称 用户可以自己指定信号名称，或者从下
拉菜单中选择信号名称。

图 4-2 信号对话框

1. 信号名称不得重复。

2. 从下拉菜单中选择的信号名称,信号的数据类型必须和对话框中的设置一致。

4.1.2 信号适配器

在 MCD 环境中,进入"主页"→"电气"工具栏中单击"信号适配器"按钮,创建信号适配器对象。信号适配器主要用于将信号通过公式的计算连接到 MCD 对象,以控制运行时参数或者输出运行时参数状态。信号适配器可以包含一组信号,往往用来把一组相关的信号集中放入一个信号适配器,信号适配器工作示意图如图 4-3 所示。

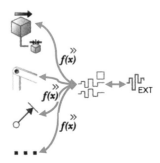

图 4-3 信号适配器工作示意图

1. 定义信号适配器

"信号适配器"对话框如图 4-4 所示,部分选项含义如下。

(1)参数 在参数栏中添加待连接的 MCD 对象,通过选择机电对象→选择参数名称→添加参数来实现。

(2)信号 在信号栏中添加与外部通信的信号,通过添加信号→指定或选择信号名称→指定数据类型→指定输入、输出→指定单位。

用户可以自己指定信号名称,或者从下拉菜单中选择信号名称。

(3)公式 勾选"参数"或者"信号"之后,可输入参数和信号之间的关系公式。

注意:

1. 同一个信号适配器中信号名称不得重复。

2. 从下拉菜单中选择的信号名称,信号的数据类型必须和对话框中设置一致。

2. 动手操作——信号适配器

(1)源文件 \chapter4_1_part\4_1_1_part_4_2_0_Operation_nx12_ok. prt。

(2)目标 添加信号适配器,熟悉信号适配器的创建过程,并理解信号适配器的仿真行为。

(3)操作步骤

1)打开部件"_4_2_0_Operation_nx12_ok. prt",如图 4-5 所示。

图 4-4 信号适配器对话框

2）单击"文件"→"电气"工具栏→"信号"　按钮，打开"信号"
对话框。

① 勾选"连接运行时参数"。

② 选择机电对象：碰撞传感器 DetectSensor1。

③ 选择参数名称：已触发。

④ 选择信号名称：DetectSensor1_Out。

⑤ 单击"确定"按钮。

⑥ 在"将符号添加到符号表"对话框中单击
"新符号表"，再单击"确定"按钮。

3）编辑仿真序列，将原来引用的碰撞传感器
换成步骤2）中添加的信号。

① 在仿真序列编辑器中选择"仿真序列"，找
到 Conveyor1_Start，右击在快捷菜单中选择"编
辑"。

② 在"条件"栏中选中条件行。

③ 选择条件对象：在机电导航器中选择信号
"DetectSensor1_Out"，如图4-6 所示。

动手操作——
信号适配器

图 4-5　部件 "_4_2_0_Operation_nx12_ok"

图 4-6　机电导航器对话框

④ 单击"确定"按钮。

4）类似地为以下两个仿真序列添加运行条件：Conveyor1_Stop、Gripper_Down。

5）单击"文件"→"电气"工具栏→"信号适配器"　按钮，打开"信号适配器"对
话框。

① 选择机电对象：速度控制-DriveGripper。

② 选择参数名称：速度。

③ 添加参数，如图 4-7 所示。

④ 添加信号，如图 4-8 所示。

图 4-7　添加速度控制参数

图 4-8　添加信号

⑤ 在"参数"栏中勾选参数"Parmeter_1"。

⑥ 在"公式"栏中指派以下表达式给 Parameter_1，如图 4-9 所示。

⑦ 单击"确定"按钮。

⑧ 在"将符号添加到符号表"对话框中单击"新符号表"，单击"确定"按钮。

6）编辑仿真序列，将原来引用的速度控制换成步骤 5）中添加的信号。

① 在"仿真序列编辑器"中选择"仿真序列"，找到 Gripper_Down 右击在快捷菜单中选择"编辑"。

② 选择机电对象：信号适配器-SignalAdapter(1)。

③ 勾选"设置"。

④ 设置参数：Input_Speed = −300.0，如图 4-10 所示。

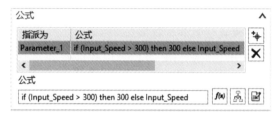

图 4-9　添加公式

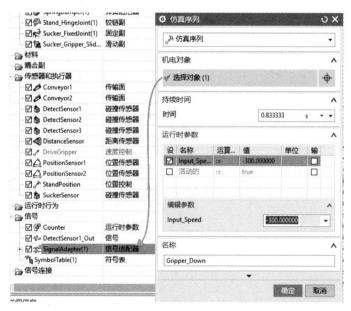

图 4-10　设置参数

⑤ 单击"确定"按钮。

7）类似地为以下四个仿真序列做修改，将原来引用的速度控制换成步骤 5）中添加的信号：Gripper_Slow、Gripper_Stop、Gripper_Up、Gripper_Stop。

8）单击"文件"→"仿真"工具栏→"播放"按钮，观察设置的运动是否存在错误。

9）单击"文件"→"仿真"工具栏→"停止"按钮，此时仿真模型复位。

4.1.3　符号表

在 MCD 环境中，进入"主页"→"电气"工具栏中单击"符号表"按钮，创建符号表。使用符号表命令创建或导入用于信号命名的符号。用户可以从外部源（如 STEP7、TIA Portal）或 Teamcenter 字典中导入"asc""txt"或者"xlsx"格式的符号表。

定义符号表

"导入符号表"对话框如图 4-11 所示，部分选项含义如下。

（1）导入自　选择导入源。

1）外部符号表文件：从外部源，如 STEP7、TIA Portal 导入"asc""txt"或者"xlsx"格式符号表。

2）Teamcenter 符号表字典：从 Teamcenter 中选择"asc""txt"或者"xlsx"格式符号表进行导入。此选项仅在 TC 环境下起作用。

（2）文件类型　选择 STEP7 或 TIA Portal。

（3）导入符号的状态　导入文件里面的信号会初步与模型中存在的信号做检查：

1）若模型中不存在新导入的信号，则新建这些信号。

2）若模型中存在新导入的信号，则需要用户进行进一步的冲突处理。

（4）冲突处理

1）选择导入符号中的所有冲突符号：导入符号列表覆盖现有符号列表。

2）放弃导入符号中的所有冲突符号：有冲突的信号不导入。

3）逐一手工处理：人工处理冲突信号。

图 4-11　导入符号表对话框

4.1.4　信号导入导出

在 MCD 环境中，进入"主页"→"电气"工具栏中单击"导出信号"按钮，导出信号。使用导出信号命令可以将 MCD 创建的信号导出至 CSV 或 txt 格式文件。其中 CSV 格式主要给用户进行查看，用户也可以自行编辑 CSV 格式文件至其他类型进行使用；txt 格式主要用来与 SIMIT-Shared Memory Coupling 之间进行数据传输，SIMIT-Shared Memory Coupling 可以使用 MCD 导出的 txt 格式文件自动创建 tags。

1. 定义导出信号

"导出信号"对话框如图 4-12 所示，部分选项含义如下。

（1）信号　信号列表里面会显示当前 MCD 模型中所有的信号。默认情况下勾选全部信号进行导出，用户也可以通过勾选导出需要的信号。

（2）导出至

1）CSV：主要用来给用户进行查看，用户也可以自行编辑 CSV 格式文件至其他类型进行使用。

2）SIMIT：用来给 SIMIT 中的 Shared Memory Coupling 导入信号表。

在 MCD 环境中，进入"主页"→"电气"工具栏中单击"导入信号"按钮，导入信号。使用导入信号命令可以将外部信号列表导入到 MCD 中。导入信号命令支持来自于以下几个软件的信号列表：

1）SIMIT-Shared Memory Coupling 的信号列表，txt 格式。

2）Step 7 的标签表，txt 格式。

3）TIA Portal 的 PLC 标签表，xlsx 格式。

2. 定义导入信号

"导入信号"对话框如图 4-13 所示，部分选项含义如下。

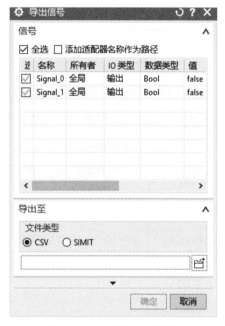

图 4-12　导出信号对话框　　　图 4-13　导入信号对话框

（1）导入自

1）SIMIT：导入从 SIMIT-Shared Memory Coupling 导出的信号列表。

2）STEP7：导入从 STEP7 的标签表导出的信号列表。

3）TIA Portal：导入从 TIA Portal 的标签表导出的信号表。

（2）创建选项

1）勾选创建信号适配器后，会创建一个信号适配器管理导入的信号。

2）不勾选，则对导入的信号直接创建信号对象。

（3）导入信号的状态　导入信号时会对已经存在的信号做比较。

3. 动手操作——信号导入导出

（1）源文件　自行新建一个模型。

（2）目标　熟悉信号导入或导出的操作方法。

（3）　操作步骤

动手操作——
信号导入导出

1）自行新建一个模型。

2）单击"主页"功能区→"电气"工具栏→"符号表" 按钮，打开"符号表"对话框。

① 单击"从外部资源导入符号" 按钮，打开"导入符号表"对话框。

- 选择文件类型：TIA Portal
- 选择文件：PLCTags. xlxs
- 导入符号列表如图 4-14 所示。
- 单击"确定"按钮

② 新导入的信号都显示在符号表列表中，如图 4-15 所示。

③ 单击"确定"按钮。

3）单击"文件"→"电气"工具栏→"信号"按钮，打开"信号"对话框，从符号表中分别创建以下信号。

添加第一个信号：

- 设置 IO 类型：输出
- 选择数据类型：布尔型
- 设置初始值：False
- 从"信号名称"下拉列表选择：Output_isFollowing
- 单击"应用"按钮

添加第二个信号：

- 设置 IO 类型：输出
- 选择数据类型：整型
- 设置初始值：0
- 从"信号名称"下拉列表选择：Output_Count
- 单击"应用"按钮

添加第三个信号：

- 设置 IO 类型：输出
- 选择数据类型：双精度型
- 设置测量：长度
- 设置初始值：0.0mm
- 从"信号名称"下拉列表选择：Output_Pos

图 4-14　导入符号列表

图 4-15　符号表对话框

- 单击"应用"按钮

添加第四个信号：
- 设置 IO 类型：输入
- 选择数据类型：布尔型
- 设置初始值：False
- 从"信号名称"下拉列表选择：Input_Copy
- 单击"应用"按钮

添加第五个信号：
- 设置 IO 类型：输入
- 选择数据类型：整型
- 设置初始值：0
- 从"信号名称"下拉列表选择：Input_Color
- 单击"应用"按钮

添加第六个信号：
- 设置 IO 类型：输入
- 选择数据类型：双精度型
- 设置测量：长度
- 设置初始值：0.0mm
- 从"信号名称"下拉列表选择：Input_Pos
- 单击"应用"按钮

4）打开"机电导航器"，此时添加的符号表和信号显示在"信号"文件夹下，如图 4-16 所示。

5）选中"信号"文件夹，右击在快捷菜单选择"导出信号"。

① 打开"导出信号"对话框，如图 4-17 所示。

图 4-16　导入的信号

图 4-17　导出信号对话框

② 选择文件类型：CSV
③ 指定导出路径和文件名。
④ 单击"确定"按钮。

4.1.5　外部信号配置

1. OPC DA

MCD 与外部链接支持多种通信协议，下面介绍 MCD 通过 OPC DA 通信协议搭建一个硬件在环的虚拟调试平台。通过图 4-18 所示可以看到整个硬件在环平台。

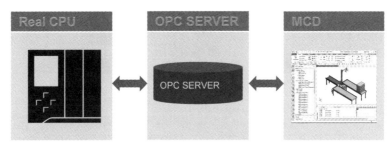

图 4-18　虚拟硬件在环平台

整个环境由三大块组成：PLC CPU、OPC 服务器和 MCD。其中，CPU 用来处理运行逻辑，通过 OPC 服务器获取机器状态，并且通过 OPC 服务器对机器发送运行指令；MCD 用来显示虚拟化的机器并进行模拟仿真，从 OPC 服务器中获取 CPU 的指令，同时通过 OPC 服务器反馈当前机器状态；OPC 服务器是连接 PLC CPU 和 MCD 的桥梁。

要搭建 OPC DA 通信协议硬件在环的虚拟调试平台，需要硬件 PLC、OPC 服务器和 MCD 安装在计算机或者虚拟机上。除此之外，还需要正确理解信号传输的原理。通过图 4-19 所示可以看到信号传输路径。

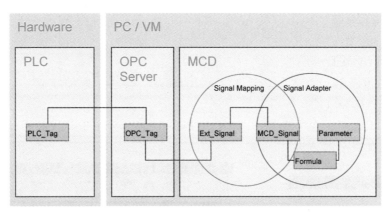

图 4-19　信号传输路径

1）PLC 发出指令→OPC 服务器→MCD 中的 Signal→MCD 中的控制器→MCD 中的运动对象。

2）PLC 接收信号←OPC 服务器←MCD 中的 Signal←MCD 中的对象（传感器、位置或者其他对象）。

运行这个案例，需要以下硬件和软件配置（表 4-1）。

表 4-1　硬件和软件配置数量

组　　件	数　　量	注　　释
PLC1500	1	PLC1500 硬件或者 PLCSIM Adv 软件
STEP 7 Professional V14	1	V14 或者更高版本
SIMATIC NET PC Software V14	1	V14 或者更高版本
Mechatronics Concept Designer V1899	1	V1899 或者更高版本

硬件配置如图 4-20 所示。

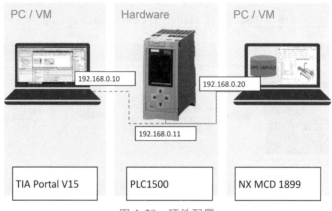

图 4-20　硬件配置

OPC 服务器和 MCD 程序可以在同一台计算机/虚拟机或者不同的计算机/虚拟机中执行。安装 TIA Portal 的计算机与安装 OPC 服务器计算机通过 PLC 硬件的 P_1 端口进行连接。这里需要在下载项目或运行示例中切换 TIA Portal 计算机与 OPC 服务器计算机之间的连接。

动手操作——外部信号配置 OPCDA

（1）源文件　\chapter4_1_part\4_1_5_part\OPCDA。

（2）目标　了解 OPCDA 通信原理，熟悉 OPCDA 通信协议的配置方法和使用流程。

（3）具体操作步骤

◇ 博图中的配置

1）启动 TIA Portal。

2）恢复博图项目：单击 "Project" → "Retrieve" 按钮，选择项目 "Case_OPCDA_PLC. zap14"，如图 4-21 所示。

外部信号配置

3）下载 PLC 程序：在项目树中，选择 "PLC_1"，然后在工具栏中单击 "Download to device" 按钮，如图 4-22 所示。

图 4-21　博图项目菜单

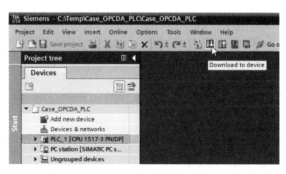

图 4-22　项目树对话框

◇ PC Stataion 中的配置

4）在项目树中，选择"PC station"，然后单击"Compile"按钮，如图 4-23 所示。

5）在计算机中启动 Station Configurator，如图 4-24 所示。

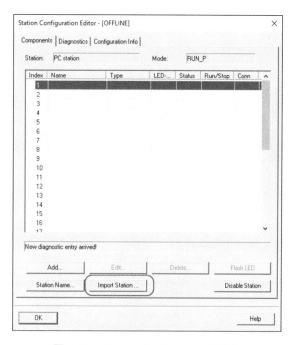

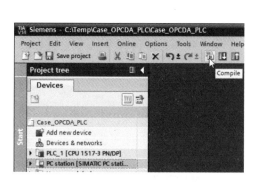

图 4-23　选择 PC station

图 4-24　Station Configurator 对话框

6）单击"Import Station"按钮，选择"PC station. xdb"。也可以从博图项目文件夹". \Case_OPCDA_PLC\XDB\PC station. xdb"下找到 PC station. xdb 这个文件。

◇ NX MCD 中的配置

7）启动 NX MCD。

8）打开文件"_TransferSystem_opcda. prt"。

9）单击"主页"功能区→"自动化"工具栏→"External Signal Configuration（外部信号配置）"按钮，打开"外部信号配置"对话框，如图 4-25 所示。

① 在 OPC DA 页，单击"Add a new server（添加新的服务器）"按钮。

② 在服务器列表中选择"OPC. SimaticNET. 1"，单击"OK"按钮。

③ 等待 OPC 服务器的状态变成 Good，然后选中这个服务器行。

④ 设置更新时间：0.01s。

⑤ 在标记列表中选择图 4-26 所示标记。

⑥ 单击"OK"按钮。

10）打开"信号映射"对话框。

① 设置类型：OPC DA。

② 设置 OPC DA 服务器：OPC. SimaticNET. 1。

③ 单击"执行自动映射"按钮，这时映射完成的信号被列在映射的信号表中，如图 4-27 所示。

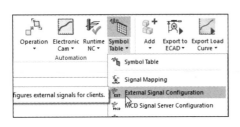

图 4-25 外部信号配置对话框

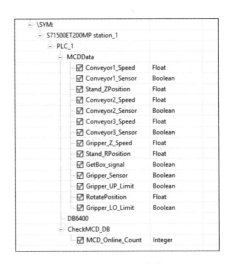

图 4-26 标记列表菜单

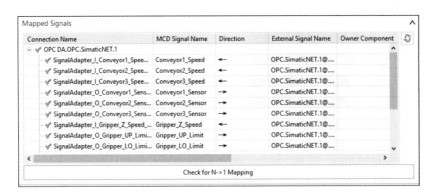

图 4-27 映射信号表

④ 单击"OK"按钮。

◇ 启动 MCD 仿真

11）单击"播放"按钮，启动 MCD 仿真。仿真模型开始，机械臂开始移动小方块，如图 4-28 所示。

2. OPC UA

MCD 与外部链接支持多种通信协议，下面介绍 MCD 通过 OPC UA 通信协议搭建一个硬件在环的虚拟调试平台。通过图 4-29 所示可以看到整个硬件在环平台。

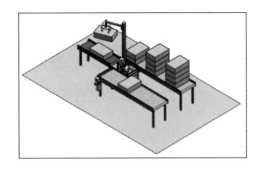

图 4-28 仿真效果

整个环境由三大块组成：PLC CPU、OPC 服务器和 MCD。其中，CPU 用来处理运行逻辑，通过 OPC 服务器中获取机器状态，并且通过 OPC 服务器对机器发送运行指令；MCD 用来显示虚拟化的机器并进行模拟仿真，从 OPC 服务器中获取 CPU 的指令，同时通过 OPC 服务器反馈当前机器状态；OPC 服务器是连接 PLC CPU 和 MCD 的桥梁。

图 4-29　虚拟硬件在环平台

要搭建 OPC UA 通信协议硬件在环的虚拟调试平台,需要支持 OPC UA 的硬件 PLC,MCD 安装在计算机或者虚拟机上。除此之外,还需要正确理解信号传输的原理。图 4-30 所示为信号传输路径。

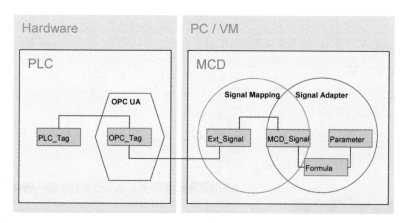

图 4-30　信号传输路径

1)PLC 发出指令→OPC 服务器→MCD 中的 Signal→MCD 中的控制器→MCD 中的运动对象。

2)PLC 接收信号←OPC 服务器←MCD 中的 Signal←MCD 中的对象(传感器、位置或者其他对象)。

运行这个案例,需要以下硬件和软件配置(表 4-2)。

表 4-2　硬件和软件配置数量

组　件	数　量	注　释
PLC1500	1	CPU 需要支持 OPC UA 协议
STEP 7 Professional V14	1	V14 或者更高版本
Mechatronics Concept Designer V1899	1	V1899 或者更高版本

硬件配置如图 4-31 所示。

安装 TIA Portal 的计算机与安装 MCD 计算机通过 PLC 硬件的 P_1 端口进行连接。这里需要在下载项目或运行示例中切换 TIA Portal 计算机与 OPC 服务器计算机之间的连接。

具体操作步骤如下。

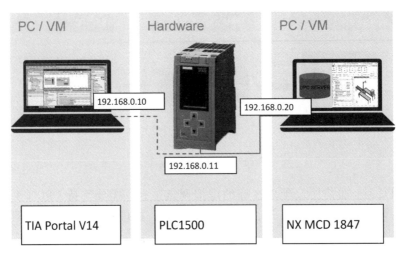

图 4-31　硬件配置

<u>博图中的配置</u>

1）启动 TIA Portal。

2）恢复博图项目：单击"Project"→"Retrieve"按钮，选择项目"Case_OPCUA_PLC. zap14"，如图 4-32 所示。

3）下载 PLC 程序：在项目树中，选择"PLC_1"，然后在工具栏中单击"Download to device"按钮，如图 4-33 所示。

图 4-32　博图项目菜单

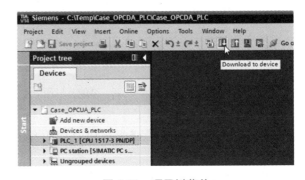

图 4-33　项目树菜单

<u>NX MCD 中的配置</u>

4）启动 NX MCD。

5）打开文件"_TransferSystem_opcua. prt"。

6）单击"主页"功能区→"自动化"工具栏→"外部信号配置"按钮，打开"外部信号配置"对话框，如图 4-34 所示。

① 在 OPC UA 页，单击"添加新的服务器"按钮。

② 输入 EndPoint Url：opc. tcp://192. 168. 0. 11：4840，按下"回车键"，如图 4-35 所示。

③ 单击"OK"按钮。

④ 等待 OPC 服务器的状态变成 Connected，然后选中这个服务器行。

⑤ 设置更新时间：0.1s。

⑥ 在标记列表中选择图 4-36 所示标记。

⑦ 单击"OK"按钮。

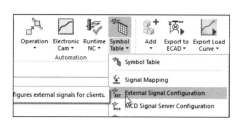

图 4-34　外部信号配置对话框

图 4-35　添加新服务器对话框

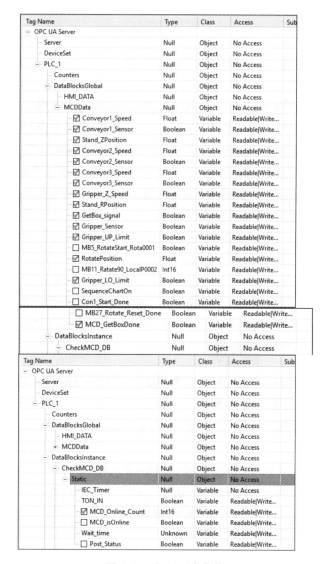

图 4-36　标记列表菜单

163

7）打开"信号映射"对话框：

① 设置类型：OPC UA。

② 设置 OPC UA 服务器：opc.tcp://192.168.0.11:4840。

③ 单击"执行自动映射"按钮，这时映射完成的信号被列在映射的信号表中，如图 4-37 所示。

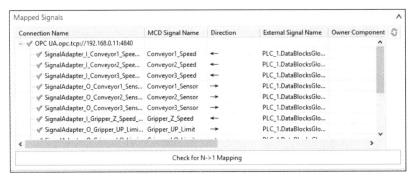

图 4-37　映射信号列表

④ 单击"OK"按钮。

<u>启动 MCD 仿真</u>

8）单击"播放"按钮，启动 MCD 仿真。仿真模型开始，机械臂开始移动小方块，如图 4-38 所示。

3. PLCSIM Adv

MCD 与外部链接支持多种通信协议，下面介绍 MCD 通过 PLCSIM Adv 的通信协议搭建一个软件在环的虚拟调试平台。通过图 4-39 所示可以看到整个软件在环平台。

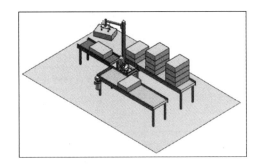

图 4-38　仿真效果

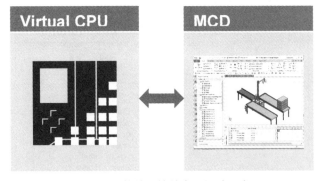

图 4-39　软件环境的虚拟调试平台

整个环境由两部分组成：虚拟 PLC 和 MCD。其中，虚拟 PLC 用来处理运行逻辑，并模拟 I/O 信号；MCD 用来显示数字化的机器并进行模拟仿真，MCD 通过 PLCSIM Adv 提供的 api 接口与虚拟 PLC 进行通信。

要搭建 PLCSIM Adv 通信协议软件在环的虚拟调试平台，需要软件 PLCSIM Adv 和 MCD。

PLCSIM Adv 和 MCD 安装在同一台计算机或者虚拟机上。除此以外，还需要正确理解信号传输的原理。图 4-40 所示为信号传输路径。

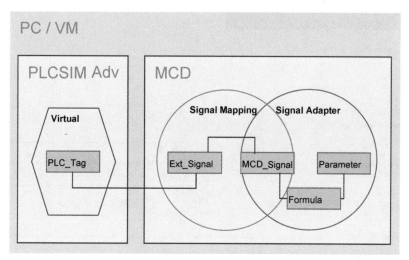

图 4-40 信号传输路径

1）PLC 发出指令→MCD 中的 Signal→MCD 中的控制器→MCD 中的运动对象。

2）PLC 接收信号←MCD 中的 Signal←MCD 中的对象（传感器、位置或者其他对象）。

运行这个案例，需要以下硬件和软件配置（表 4-3）

表 4-3 硬件和软件配置数量

组 件	数 量	注 释
STEP 7 Professional V14	1	V14 或者更高版本
S7-PLCSIM Advanced V2.0	1	V2.0 或者更高版本
Mechatronics Concept Designer V1899	1	V1899 或者更高版本

PLCSIM Adv 程序和 MCD 程序必须在同一台计算机或同一虚拟机中执行。安装 TIA Portal 与 PLCSIM Adv、MCD 可以在同一台计算机上，也可以安装在不同的计算机上。若 TIA Portal、PLCSIM Adv 安装在同一台计算机上，则可以直接下载 PLC 项目到 PLCSIM Adv 中的虚拟 PLC 中；若 TIA Portal、PLCSIM Adv 安装在不同计算机中，则需要通过桥接网卡的方式将 PLC 项目远程下载到虚拟 PLC 中。

动手操作——外部信号配置 PLCSIM Adv

（1）源文件 \chapter4_1_part\4_1_5_part\PLCSIMAdv。

（2）目标 了解 PLCSIM Adv 通信原理，熟悉 PLCSIM Adv 通信协议的配置方法和使用流程。

（3）具体操作步骤

PLCSIM Adv 中的配置

1）启动 PLCSIM Adv v2.0。

2）启动一个虚拟 PLC，如图 4-41 所示。

① 设置 Online Access：PLCSIM。

② 设置 Instance name：Case_PLCSIM。

③ 单击"Start"按钮，如图 4-42 所示。

图 4-41 虚拟 PLC 界面

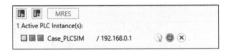

图 4-42 Start 界面

博图中的配置

3）启动 TIA Portal。

4）恢复博图项目：单击"Project"→"Retrieve"按钮，选择项目"Case_PLCSIMAdv_PLC. zap14"，如图 4-43 所示。

5）下载 PLC 程序：在项目树中，选择"PLC_1"，然后在工具栏中单击"Download to device"按钮，如图 4-44 所示。

图 4-43 博图项目菜单

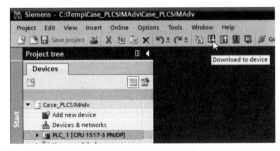

图 4-44 项目树菜单

6）在 PLCSIM Advanced 界面中，可以看到虚拟 PLC 已经启动，如图 4-45 所示。

NX MCD 中的配置

7）启动 NX MCD。

8）打开文件"_TransferSystem_plcsimadv. prt"。

9）单击"主页"功能区→"自动化"工具栏→"外部信号配置"按钮，打开"外部信号配置"对话框，如图 4-46 所示。

图 4-45 PLC 启动界面

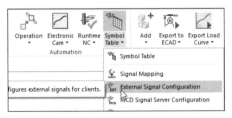

图 4-46 外部信号配置对话框

① 在 PLCSIM Adv 页，单击"Add instance（添加实例）"按钮。

② 在实例列表中选择"Case_PLCSIM"，单击"OK"按钮。

- 设置更新区域：DB
- 设置数据块过滤器："MCDData""CheckMCD_DB"，如图 4-47 所示

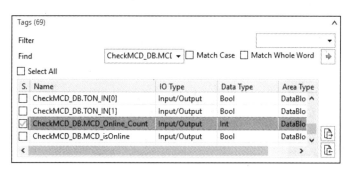

S.	Name	IO Type	Data Type	Area Type
☑	MCDData.Conveyor1_Speed	Input/Output	Real	DataBlock
☑	MCDData.Conveyor1_Sensor	Input/Output	Bool	DataBlock
☑	MCDData.Stand_ZPosition	Input/Output	Real	DataBlock
☑	MCDData.Conveyor2_Speed	Input/Output	Real	DataBlock
☑	MCDData.Conveyor2_Sensor	Input/Output	Bool	DataBlock
☑	MCDData.Conveyor3_Speed	Input/Output	Real	DataBlock
☑	MCDData.Conveyor3_Sensor	Input/Output	Bool	DataBlock
☑	MCDData.Gripper_Z_Speed	Input/Output	Real	DataBlock
☑	MCDData.Stand_RPosition	Input/Output	Real	DataBlock
☑	MCDData.GetBox_signal	Input/Output	Bool	DataBlock
☑	MCDData.Gripper_Sensor	Input/Output	Bool	DataBlock
☑	MCDData.Gripper_UP_Limit	Input/Output	Bool	DataBlock
☐	MCDData.MB5_RotateStart_...	Input/Output	Bool	DataBlock
☑	MCDData.RotatePosition	Input/Output	Real	DataBlock
☐	MCDData.MB11_Ratate90_Lo...	Input/Output	Int	DataBlock
☑	MCDData.Gripper_LO_Limit	Input/Output	Bool	DataBlock

图 4-47　数据过滤器列表

③ 单击"更新标记"按钮，然后在标记表单中勾选图 4-48 所示标记。

Tags (69)			
Filter			
Find	CheckMCD_DB.MCI ▼	☐ Match Case	☐ Match Whole Word
☐ Select All			

S.	Name	IO Type	Data Type	Area Type
☐	CheckMCD_DB.TON_IN[0]	Input/Output	Bool	DataBlo
☐	CheckMCD_DB.TON_IN[1]	Input/Output	Bool	DataBlo
☑	CheckMCD_DB.MCD_Online_Count	Input/Output	Int	DataBlo
☐	CheckMCD_DB.MCD_isOnline	Input/Output	Bool	DataBlo

图 4-48　标记表单

💡提示：

可以使用"查找"命令查找包含指定文本的标记。

④ 单击"OK"按钮。

10）打开"信号映射"对话框。

① 设置类型：PLCSIM Adv。

② 选择 PLCSIM Adv 实例：Case_PLCSIM。

③ 单击"执行自动映射"按钮，这时映射完成的信号被列在映射的信号表中，如图 4-49 所示。

④ 单击"OK"按钮。

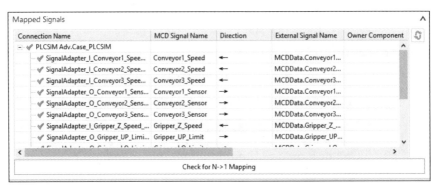

图 4-49　映射信号表

启动 MCD 仿真

11）单击"播放"按钮，启动 MCD 仿真。模型仿真开始，机械臂开始移动小方块，如图 4-50 所示。

4. Profinet

MCD 与外部链接支持多种通信协议，下面介绍 MCD 通过 Profinet 通信协议建一个硬件在环的虚拟调试平台。通过图 4-51 所示可以看到整个硬件在环平台。

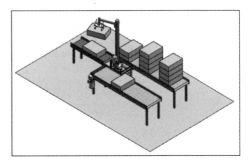

图 4-50　仿真效果

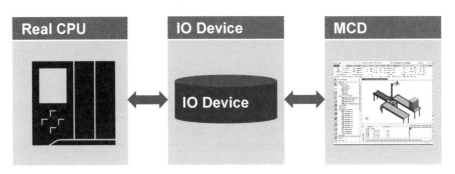

图 4-51　虚拟硬件环境

整个环境由三大块组成：CPU、IO 设备和 MCD。其中，CPU 用来处理运行逻辑；MCD 用来显示虚拟化的机器并进行模拟仿真；IO 设备用来交换 CPU 和 MCD 的数据。

要搭建 Profinet 通信协议硬件在环的虚拟调试平台，需要硬件 PLC、PC Station 和 MCD 安装在计算机或者虚拟机上，还需要正确理解信号传输的原理。图 4-52 所示为信号传输路径。

1）PLC 发出指令→OPC 服务器→MCD 中的 Signal→MCD 中的控制器→MCD 中的运动对象。

2）PLC 接收信号←OPC 服务器←MCD 中的 Signal←MCD 中的对象（传感器、位置或者其他对象）。

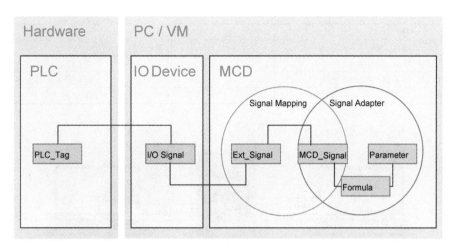

图 4-52　信号传输路径

如图 4-53 所示为一个完全配置好的项目。MCD 作为 PC station 中的一个应用模块，通过 Profinet 和 PLC 进行通信。在设置 PLC 和 MCD 之间的 Profinet 通信时，需要配置 I/O 传输区域。I-Device 与 IO 控制器通过配置好的 I/O 传输区域进行交换数据。在 MCD 外部信号配置页面定义的地址对应的是 IO 控制器中的地址，而和 PLC 标签表中的地址则对应的是 I-device 中的地址，如图 4-54 所示。

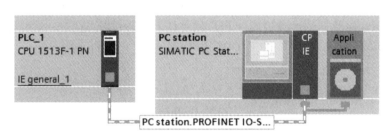

图 4-53　配置好的项目

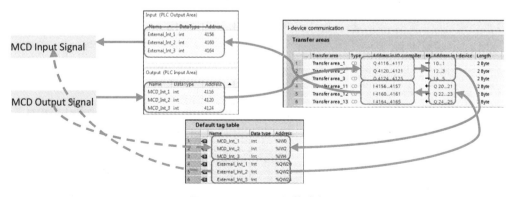

图 4-54　Profinet 通信流程

运行这个案例，需要以下硬件和软件配置（表 4-4）。

硬件配置如图 4-55 所示。

表 4-4　硬件和软件配置数量

组　件	数　量	注　释
PLC1500	1	
STEP 7 Professional V14	1	V14 或者更高版本
SIMATIC NET PC Software V14	1	V14 或者更高版本
Mechatronics Concept Designer V1899	1	V1899 或者更高版本

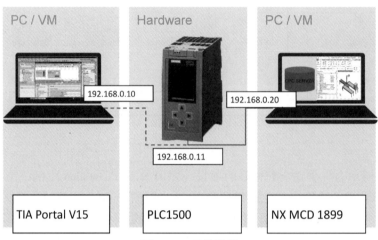

图 4-55　硬件配置

OPC 服务器和 MCD 程序必须在同一台计算机或同一虚拟机中执行。安装 TIA Portal 的计算机与安装 OPC 服务器的计算机通过 PLC 硬件的 P_1 端口进行连接。这里需要在下载项目或运行示例中切换 TIA Portal 计算机与 OPC 服务器计算机之间的连接。

动手操作——外部信号配置 Profinet

（1）源文件　\chapter4_1_part\4_1_5_part\Profinet。

（2）目标　了解 Profinet 通信原理，熟悉 Profinet 通信协议的配置方法和使用流程。

（3）具体操作步骤

<u>博图中的配置</u>

1）启动 TIA Portal。

2）恢复博图项目：单击"Project"→"Retrieve"按钮，选择项目"Case_Profinet_PLC. zap14"，如图 4-56 所示。

3）下载 PLC 程序：在项目树中，选择"PLC_1"，然后在工具栏中单击"Download to device"，如图 4-57 所示。

图 4-56　博图项目菜单

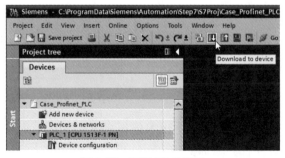

图 4-57　下载 PLC 程序

PC Station 中的配置

4）在项目树中，选择"PC station"，然后单击"Compile"按钮，如图 4-58 所示。

5）在计算机中启动 Station Configurator，如图 4-59 所示。

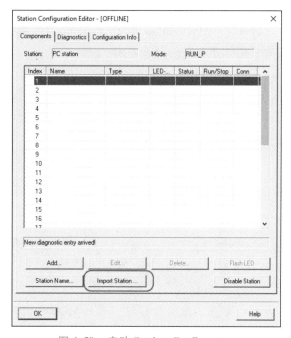

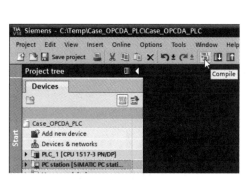

图 4-58　编译项目　　　　　　　　　　图 4-59　启动 Station Configurator

6）单击"Import Station"按钮，选择"PC station. xdb"。也可以从博图项目文件夹". \Case_OPCDA_PLC\XDB\PC station. xdb"下找到 PC station. xdb 这个文件。

NX MCD 中的配置

7）启动 NX MCD。

8）打开文件"_capture_angle. prt"。

9）单击"主页"→"自动化"工具栏→"外部信号配置"按钮，打开"外部信号配置"对话框，如图 4-60 所示。

① 在 Profinet 页，单击"Import tag information（导入标记信息）"按钮，选择文件"PLCTags. xlsx"。

② 单击"Initial connection（初始连接）"按钮。

图 4-60　外部信号配置界面

💡注意：

如果初始连接失败，需要确定：

- PLC 是否与运行 MCD 的计算机或虚拟机连接着
- 博图项目中 Profinet 的配置是否正确
- MCD 中 Profinet 的配置是否正确
- Profinet 是否被其他的程序初始化

③ 单击"OK"按钮。

10）打开"信号映射"对话框。

① 设置类型：Profinet。

② 设置 Profinet 连接：PROFINET（1）。

③ 单击"Perform automatic mapping（执行自动映射）"按钮，这时映射完成的信号被列在映射的信号表中，如图 4-61 所示。

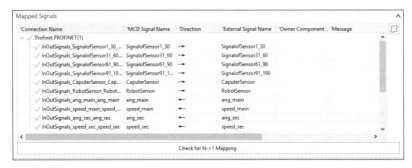

图 4-61 映射信号表

④ 单击"OK"按钮。

启动 MCD 仿真

11）单击"播放"按钮，启动 MCD 仿真。仿真模型开始，机械臂开始移动小方块，如图 4-62 所示。

5. SHM（Share Memory，内存共享）

MCD 与外部软件链接支持多种通信协议，下面介绍 MCD 通过内存共享通信协议搭建一个软件在环的虚拟调试平台。图 4-63 所示为以 SIMIT 软件搭建的整个软件在环虚拟调试平台。

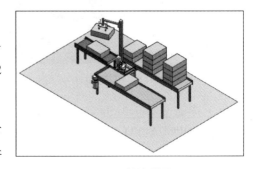

图 4-62 仿真效果

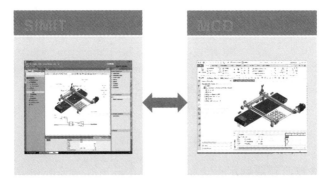

图 4-63 软件在环虚拟调试平台

整个环境由两大块组成：SIMIT 和 MCD。其中，SIMIT 用来创建控制逻辑，创建和初始化 SHM；MCD 用来显示虚拟化的机器并进行模拟仿真，从 SIMIT 初始化的内存地址读取信号。SIMIT 和 MCD 通过内存共享的方式进行两个软件中的数据交换。

要搭建 SHM 通信协议软件在环的虚拟调试平台，需要软件 SIMIT 和 MCD 安装在计算机或者虚拟机上，还需要正确理解信号传输的原理。图 4-64 所示为信号传输路径。SIMIT 读写内存共享的数据，开辟内存空间，定义并初始化信号；MCD 读写内存共享的数据，控制机器运动，反馈 MCD 机器状态。

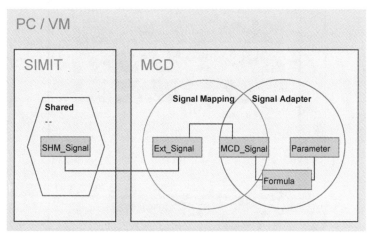

图 4-64　信号传输路径

运行这个案例，需要以下硬件和软件配置（表 4-5）。

表 4-5　硬件和软件配置数量

组　件	数　量	注　释
SIMIT V10.0	1	V10.0 或者更高版本
Mechatronics Concept Designer V1899	1	V1899 或者更高版本

动手操作——外部信号配置 SHM

（1）源文件　\chapter4_1_part\4_1_5_part\SHM。

（2）目标　了解 SHM 通信原理，熟悉 SHM 通信协议的配置方法和使用流程。

（3）具体操作步骤

博图中的配置

1）启动 SIMIT SP Demo。

2）恢复 SIMIT 项目：单击 "Start"→"Retrieve project"→"Archive-name" 按钮，选择项目 "CirclePicker. simarc"，如图 4-65 所示。

SHM（内存共享）

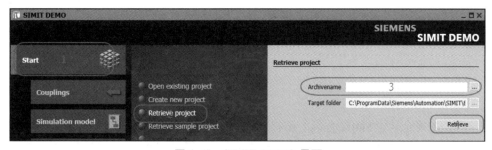

图 4-65　SIMIT DEMO 界面

3）打开项目视图，单击"Project view"按钮，如图4-66所示。

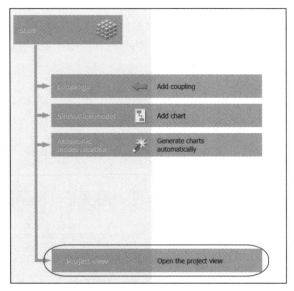

图4-66　项目视图

4）在项目导航器中找到Chart，右击在快捷菜单中选择"打开"。

5）在菜单栏中单击"Start"按钮启动仿真，如图4-67所示。

<u>NX MCD 中的配置</u>

6）启动 NX MCD。

7）打开文件"_Top_System_Portal_Final. prt"

8）单击"主页"功能区→"自动化"工具栏→"外部信号配置"按钮，打开"外部信号配置"对话框，如图4-68所示。

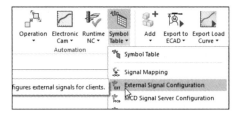

图4-67　启动仿真界面　　　　　　　　图4-68　外部信号配置界面

① 在 SHM 页，单击"添加新 SHM"按钮。

② 输入 SHM 名称"SIMITShared Memory"单击〈Enter〉键，如图4-69所示。

③ 单击"OK"按钮。

9）打开"信号映射"对话框。

① 设置类型：SHM。

② 输入 SHM 名称"SIMITShared Memory"。

③ 单击"执行自动映射"按钮，这时映射完成的信号被列在映射的信号表中，如图4-70所示。

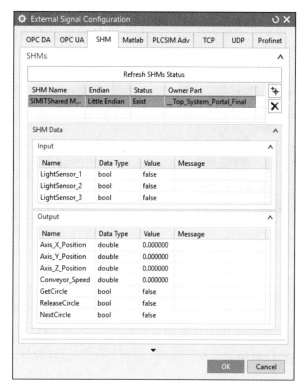

图 4-69　SHM 列表

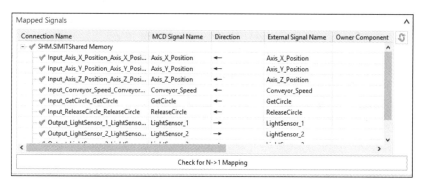

图 4-70　映射信号表

④ 单击"OK"按钮。

启动 MCD 仿真

10）单击"播放"按钮，启动 MCD 仿真。在 SIMIT 中做如下操作，观察 MCD 中机器仿真运动。

① 单击 SIMIT 中"Chart"→"Start"按钮，控制运输面启动。

② 拖动滑块沿 X、Y、Z 轴方向移动组件。

③ 单击"Get Circle""Release Circle"和"Next Circle"按钮来实现"抓起圆柱工件"，"释放圆柱工件"和"生成下一个工件"。

④ 详细操作过程见教学资源包"CirclePicker. mp4"。

6. TCP

MCD 与外部链接支持多种通信协议，下面介绍 MCD 通过 TCP 通信协议搭建一个硬件在环的虚拟调试平台。图 4-71 所示为整个硬件在环虚拟调试平台。

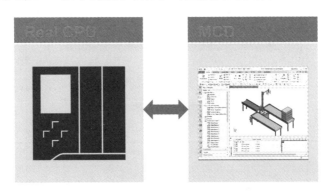

图 4-71　硬件在环虚拟调试平台

整个环境由两大块组成：PLC CPU 和 MCD。其中，CPU 用来处理运行逻辑；MCD 用来显示虚拟化的机器并进行模拟仿真；CPU 和 MCD 通过 TCP 通信协议进行通信。

要搭建 TCP 通信协议硬件在环的虚拟调试平台，需要硬件 PLC、MCD 安装在计算机或者虚拟机上，还需要正确理解信号传输的原理。图 4-72 所示为信号传输路径。

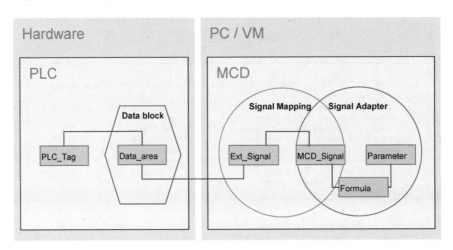

图 4-72　信号传输路径

1）PLC 发出指令→TCP 通信→MCD 中的 Signal→MCD 中的控制器→MCD 中的运动对象。

2）PLC 接收信号←TCP 通信←MCD 中的 Signal←MCD 中的对象（例如传感器、位置或者其他对象）。

运行这个案例，需要以下硬件和软件配置（表 4-6）。

硬件配置如图 4-73 所示。PLC 和 MCD 程序运行的计算机在同一个网段中。安装 TIA Portal 的计算机与安装 MCD 的计算机通过 PLC 硬件的 P_1 端口进行连接。这里需要在下载项目或运行示例中切换 TIA Portal 计算机与 MCD 计算机之间的连接。

表 4-6　硬件和软件配置数量

组　件	数　量	注　释
PLC1500	1	
STEP 7 Professional V15	1	V14 或者更高版本
Mechatronics Concept Designer V1899	1	V1899 或者更高版本

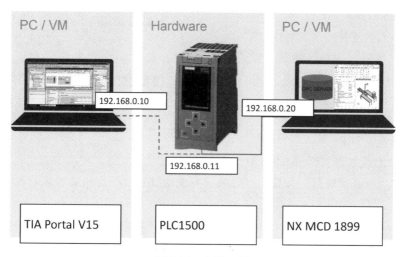

图 4-73　硬件配置

动手操作——外部信号配置 TCP

（1）源文件　\chapter4_1_part\4_1_5_part\TCP。

（2）目标　了解 TCP 通信原理，熟悉 TCP 通信协议的配置方法和使用流程。

（3）具体操作步骤

博图中的配置

1）启动 TIA Portal。

2）恢复博图项目：单击"Project"→"Retrieve"按钮，选择项目"Case_TCP_PLC. zap14"，如图 4-74 所示。

TCP（传输控制协议）

3）下载 PLC 程序：在项目树中，选择"PLC_1"，然后在工具栏中单击"Download to device"按钮，如图 4-75 所示。

图 4-74　博图项目菜单

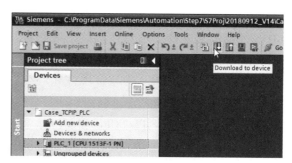

图 4-75　项目树菜单

NX MCD 中的配置

4）启动 NX MCD。

5）打开文件"_TransferSystem_tcp. prt"。

6）单击"主页"功能区→"自动化"工具栏→"外部信号配置"按钮，打开"外部信号配置"对话框，如图 4-76 所示。

① 在 TCP 页，单击"导入连接"按钮，选择文件"TCP_Connection. csv"。

② 选择导入的连接。

③ 单击"刷新"按钮选定连接状态，连接状态应该显示为 Reachable。

④ 单击"OK"按钮。

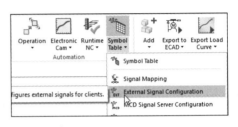

图 4-76　外部信号配置界面

7）打开"信号映射"对话框。

① 设置类型：TCP。

② 设置 TCP 服务器：Connection_0。

③ 单击"执行自动映射"按钮，这时映射完成的信号被列在映射的信号表中，如图 4-77 所示。

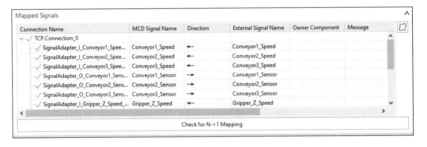

图 4-77　映射信号表

④ 单击"OK"按钮。

启动 MCD 仿真

8）单击"播放"按钮，启动 MCD 仿真。模型仿真开始，机械臂开始移动小方块，如图 4-78 所示。

7. UDP

MCD 与外部链接支持多种通信协议，下面介绍 MCD 通过 UDP 通信协议搭建一个 PLC 硬件在环的虚拟调试平台。图 4-79 所示为整个硬件在环虚拟调试平台。

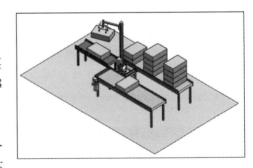

图 4-78　仿真效果

整个环境由两大块组成：PLC CPU 和 MCD。其中，CPU 用来处理运行逻辑；MCD 用来显示虚拟化的机器并进行模拟仿真；PLC CPU 和 MCD 通过 UDP 通信协议进行通信。

要搭建 UDP 通信协议硬件在环的虚拟调试平台，需要硬件 PLC、MCD 安装在计算机或者虚拟机上，还需要正确理解信号传输的原理。图 4-80 所示为信号传输路径。

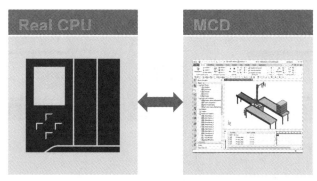

图 4-79 硬件在环的虚拟调试平台

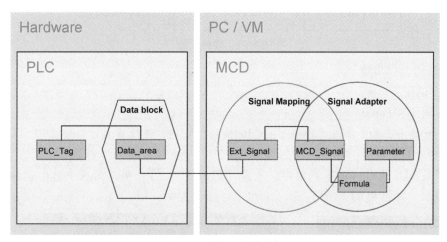

图 4-80 信号传输路径

1）PLC 发出指令→UDP 通信→MCD 中的 Signal→MCD 中的控制器→MCD 中的运动对象。

2）PLC 接收信号←UDP 通信←MCD 中的 Signal←MCD 中的对象（例如传感器、位置或者其他对象）。

运行这个案例，需要以下硬件和软件配置（表 4-7）。

表 4-7 硬件和软件配置数量

组　　件	数　　量	注　　释
PLC1500	1	
STEP 7 Professional V15	1	V14 或者更高版本
Mechatronics Concept Designer V1899	1	V1899 或者更高版本

硬件配置如图 4-81 所示。PLC 和 MCD 程序运行的计算机在同一个网段中。安装 TIA Portal 的计算机与安装 MCD 的计算机通过 PLC 硬件的 P_1 端口进行连接。这里需要在下载项目或运行示例中切换 TIA Portal 计算机与 MCD 计算机之间的连接。

动手操作——外部信号配置 UDP

（1）源文件 \chapter4_1_part\4_1_5_part\UDP。

（2）目标 了解 UDP 通信原理，熟悉 UDP 通信协议的配置方法和使用流程。

UDP（用户数据报协议）

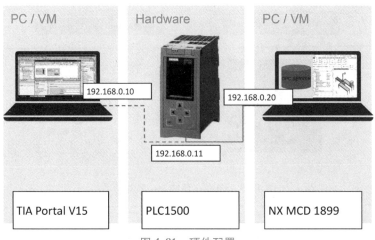

图 4-81　硬件配置

（3）具体操作步骤

博图中的配置

1）启动 TIA Portal。

2）恢复博图项目：单击"Project"→"Retrieve"按钮，选择项目"Case_UDP_PLC.zap14"，如图 4-82 所示。

3）下载 PLC 程序：在项目树中，选择"PLC_1"，然后在工具栏中单击"Download to device"按钮，如图 4-83 所示。

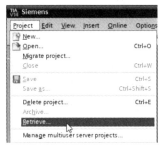

图 4-82　博图项目菜单

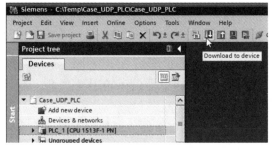

图 4-83　项目树菜单

NX MCD 中的配置

4）启动 NX MCD。

5）打开文件"_TransferSystem_udp.prt"。

6）单击"主页"功能区→"自动化"工具栏→"外部信号配置"按钮，打开"外部信号配置"对话框，如图 4-84 所示。

① 在 TCP 页，单击"Import connection（导入连接）"按钮，选择文件"UDP_Connection.csv"。

② 选择导入的连接。

③ 单击"刷新"按钮选定连接状态，连接状态应该显示为 Reachable。

④ 单击"OK"按钮。

图 4-84　外部信号配置界面

7）打开"信号映射"对话框。

① 设置类型：UDP。

② 设置 TCP 服务器：Connection_0。

③ 单击"Perform automatic mapping（执行自动映射）"按钮，这时映射完成的信号被列在映射的信号表中，如图 4-85 所示。

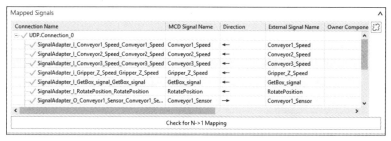

图 4-85　映射信号表

④ 单击"OK"按钮。

启动 MCD 仿真

8）单击"播放"按钮，启动 MCD 仿真。模型仿真开始，机械臂开始移动小方块，如图 4-86 所示。

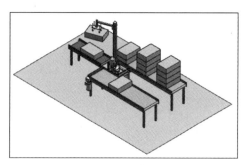

图 4-86　仿真效果

4.2　虚拟调试案例

4.2.1　SIL（软件在环）

要执行虚拟调试，需要真实机器的映像。这个映像称为机器的数字化双胞胎。在数字双胞胎的帮助下，虚拟世界中各个组件之间的交互可以被模拟和优化，而不需要真正的原型。为了降低实际调试的风险和工作量，虚拟调试机器提供了一个有效的替代方案，从而缩短了设计时间，提升了调试质量，节约了成本，使得定制化的产品设计更容易实现。PLMSIM ADV 支持软件在环的 PLC 虚拟调试；SIMIT 可以模拟外围设备，例如液压、气动元件，驱动元件等；NX MCD 提供基于设备的数字化模型运动仿真，并且实时与控制系统进行信号交换。

图 4-87 所示为 SIL 虚拟设备通信过程。

要搭建这样一个软件在环的虚拟调试平台，需要虚拟 PLC、SIMIT 和 MCD，需要的软件

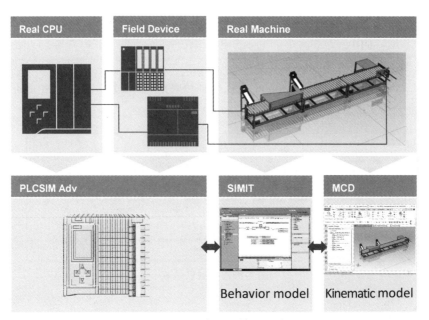

图 4-87　SIL 虚拟设备通信过程

安装在计算机或者虚拟机上。虚拟 PLC 和 SIMIT 之间通过 SIMIT 中的 PLCSIM Adv coupling 进行通信；SIMIT 和 MCD 通过 Share Memory coupling 进行通信，如图 4-88 所示。

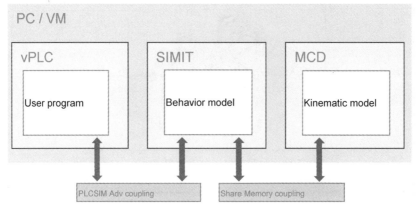

图 4-88　软件在环的虚拟调试平台

运行这个案例，需要以下硬件和软件配置（见表 4-8）。

表 4-8　硬件和软件配置数量

组　　件	数　　量	注　　释
PLCSIM Advanced v2. 0sp1	1	V2. 0 或者更高版本
STEP 7 Professional V15	1	V15 或者更高版本
Mechatronics Concept Designer V1899	1	V1899 或者更高版本

动手操作——软件在环虚拟调试（SIL）

（1）源文件　\chapter4_2_part。

（2）目标　了解软件在环虚拟调试的概念和基本原理，熟悉软件在环虚拟调试的配置过程，通过软件在环虚拟调试验证自动化控制程序、外围设备的组态和数字化样机的机械运动配合。

（3）具体操作步骤

博图中的配置

1）启动 TIA Portal。

2）恢复博图项目：单击"Project"→"Retrieve"按钮，选择项目 SIL（软件在环）"IndustrialMachine_endTO_V15.zap15"，如图 4-89 所示。

3）指定目标文件夹，例如"C：\Temp"，如图 4-90 所示。

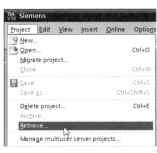

图 4-89　博图项目菜单

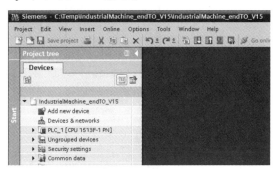

图 4-90　目标文件夹界面

4）关闭项目。

SIMIT 中的配置

5）启动 SIMIT SP。　（如果没有 SIMIT license，也可以使用 SIMIT SP Demo）

6）单击"Project"→"New Project"按钮，输入"ProjectSiL"作为 Project 名称，如图 4-91 所示。

7）双击"Project manager"，在"Time slice 2［ms］"里输入 2，如图 4-92 所示。

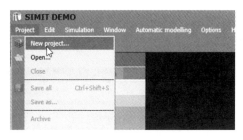

图 4-91　新建项目界面

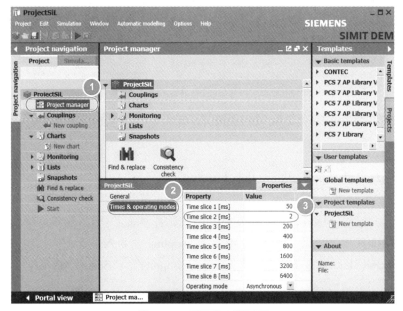

图 4-92　项目管理器界面

8）添加 PLCSIM Advanced coupling，并导入硬件配置。

① 添加 PLCSIM Advanced coupling，双击 "New coupling"，单击 "PLCSIM Advanced"→"OK" 按钮，如图 4-93 所示。

图 4-93 添加 PLCSIM Advanced coupling 界面

② 选择博图项目 "C：\Temp\IndustrialMachine_endTO_V15\IndustrialMachine_endTO_V15. ap15"，等待几分钟，然后单击 "Import" 按钮，如图 4-94 所示。

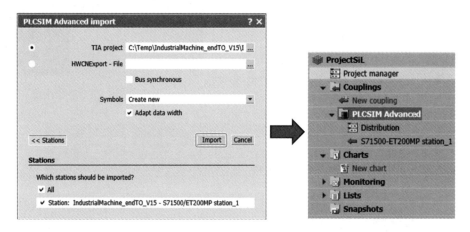

图 4-94 PLCSIM Advanced Import 界面

9）导出 MCD 信号。

① 在 MCD 中打开模型 "_Production_Line. prt"。

② 单击 "主页" 功能区→"电气" 工具栏→"导出信号" 按钮，如图 4-95 所示。

③ 指定文件类型：SIMIT，然后指定文件路径，再单击 "OK" 按钮，如图 4-96 所示。

10）回到 SIMIT 界面，添加 Shared Memory coupling 并导入信号。

① 添加 Shared Memory coupling，单击 "New coupling"→"Shared Memory"→"OK" 按钮，如图 4-97 所示。

图 4-95　导出信号界面

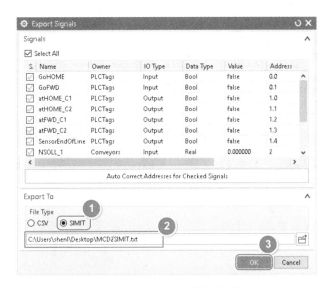

图 4-96　导出信号文件路径界面

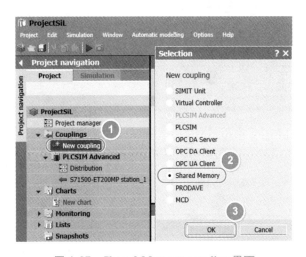

图 4-97　Shared Memory coupling 界面

② 输入名称"SHM"，然后勾选"Signal description in head"，如图 4-98 所示。

③ 导入 MCD 信号，如图 4-99 所示。

④ 保存项目。(这一步做完必须保存，否则在下一步找不到 MCD 信号)

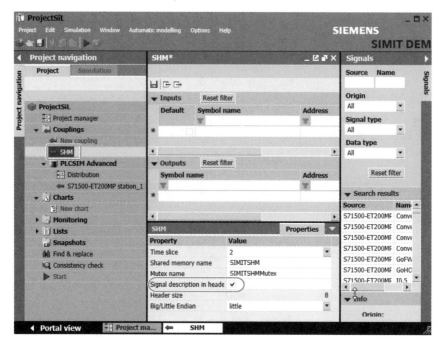

图 4-98　输入名称界面

11）将报文映射到驱动器组件上。

12）添加 Chart。

① 双击 New Chart，如图 4-100 所示。

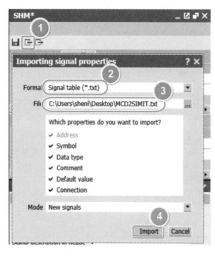

图 4-99　导入 MCD 信号界面

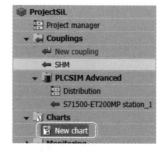

图 4-100　添加 Chart 界面

② 在右侧组件列表中，拖选 "PROFIdrive1" 到 Chart 中，如图 4-101 所示。

③ 打开右侧 "Signals" 界面，拖拽图 4-102 所示信号到 Chart 中。拖拽信号时要按住键盘的 Shift 键。

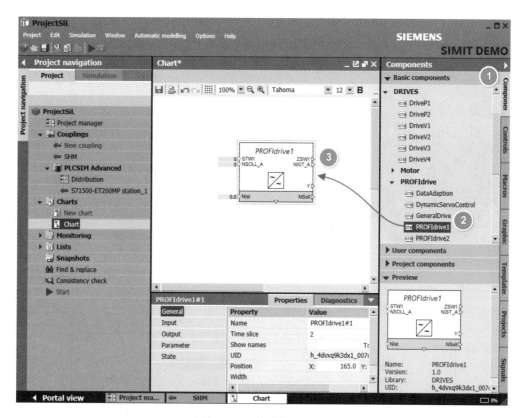

图 4-101　拖选操作界面

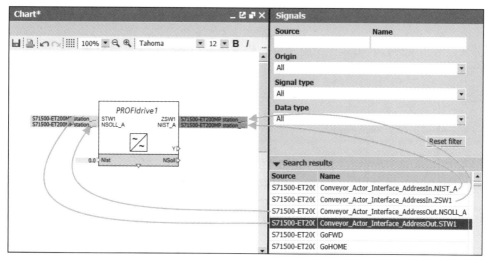

图 4-102　拖拽信号界面

④ 在信号列表中找到 "NSoll" 和 "Nist"，同样拖拽到 Chart 中，然后在 Chart 中需要进行速度换算。因为 MCD 中得到的是传送带的速度，PLC 控制的是电动机转速，如图 4-103 所示。

⑤ 在组件列表中找到 "乘法" 和 "除法"，拖拽到 Chart 中，如图 4-104 所示。

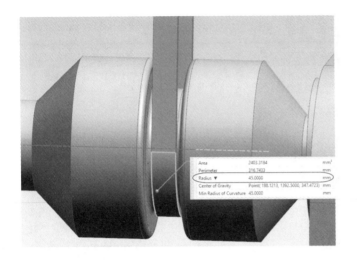

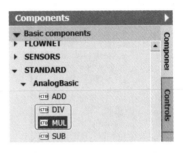

图 4-103　速度换算界面　　　　　　　图 4-104　乘法和除法拖拽界面

⑥ 在 Chart 中建立如图 4-105 所示连接。

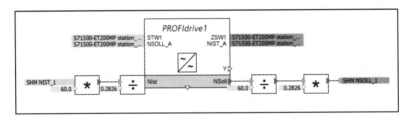

图 4-105　Chart 建立连接界面

⑦ 为了简化案例，只定义一个驱动器，然后将驱动器的计算结果设置到三个传送带上，如图 4-106 所示。

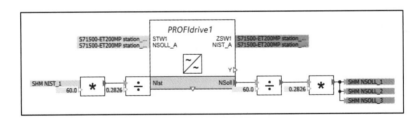

图 4-106　驱动器计算结果设置到传送带界面

⑧ 将剩下的传感器信号和阀控制信号连接起来。

● 在组件列表中找到"BConnector"，如图 4-107 所示。

● 然后连接 MCD 信号和 PLC 信号，如图 4-108 所示。

⑨ 保存项目。

<u>启动 PLCSIM Advanced</u>

13）启动 PLCSIM Advanced。

图 4-107　选择 BConnector

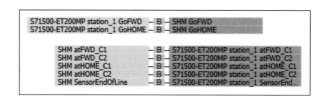

图 4-108　连接 MCD 信号和 PLC 信号界面

14）设置 Online Acces：PLCSIM，如图 4-109 所示。

15）在 SIMIT 中单击 "播放" 按钮。PLC Instance 会自动添加到 PLCSIM Advanced 中，如图 4-110 所示。

图 4-109　设置 Online Acces 界面

图 4-110　PLC Instance 自动添加界面

16）回到 NX MCD 中。

单击 "主页" 功能区→"自动化" 工具栏→"外部信号配置" 按钮，打开 "外部信号配置" 对话框，如图 4-111 所示。

① 在 SHM 页单击 "添加新的 SHM" 按钮。

② 设置 SHM 名称为 "SIMITSHM"，如图 4-112 所示。

③ 选择添加的 SHM，SHM Data 如图 4-113 所示。

图 4-111　外部信号配置界面

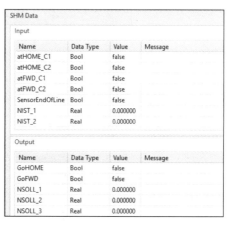

图 4-113　SHM Data 界面

图 4-112　设置 SHM 名称界面

④ 单击"OK"按钮。

17) 打开"信号映射"对话框。

① 设置类型：SHM。

② 设置 SHM 名称为"SIMITSHM"。

③ 单击"执行自动映射"按钮，这时映射完成的信号被列在映射的信号表中，如图 4-114 所示。

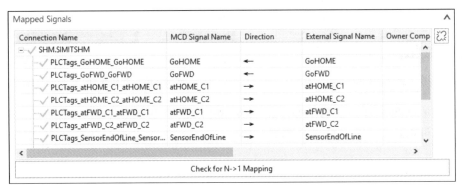

图 4-114 映射信号表

④ 单击"OK"按钮。

18) 创建好的信号映射显示在"机电导航器"中，如图 4-115 所示。

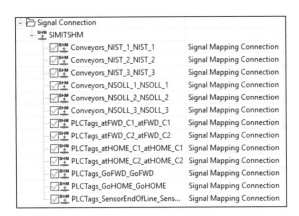

图 4-115 机电导航器

执行带驱动的虚拟调试

19) 在博图中打开博图项目"C:\Temp\IndustrialMachine_endTO_V15\IndustrialMachine_endTO_V15. ap15"。

20) 选择"PLC_1"，单击"Download to device"按钮，如图 4-116 所示。

21) 下载完成后，启动 PLC Instance，如图 4-117 所示。

22) 在博图项目树中，双击"Watch table_1"，单击"Monitor all"按钮，并进行以下设置，如图 4-118 所示。

① "MC_POWER_DB". Enable = TRUE

② "MC_MOVEVELOCITY_DB". Execute = TRUE

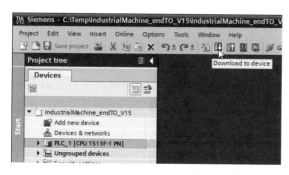

图 4-116　下载到设备界面

图 4-117　启动 PLC Instance 界面

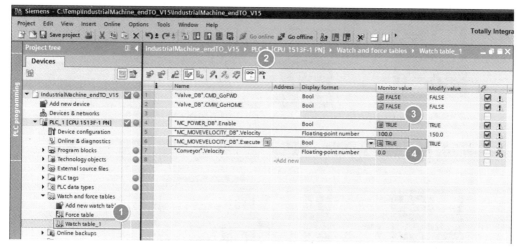

图 4-118　设备参数设置页面

23）单击"播放"按钮，启动 MCD 仿真。模型仿真开始，传送带开始工作并输送小方块，如图 4-119 所示。

图 4-119　仿真效果

4.2.2　HIL（硬件在环）

在数字双胞胎的帮助下，虚拟世界中各个组件之间的交互可以被模拟和优化，而不需要真正的原型。为了降低实际调试的风险和工作量，虚拟调试机器提供了一个有效的替代方案，从而缩短了设计时间，提升了调试质量，节约了成本，使得定制化的产品设计更容易实现。博图允许创建一个硬件在环（HIL）的场景，以模拟和验证用户程序。对于 HIL，硬件组件部署在模拟环境中。SIMIT UNIT 用来模拟外围设备，可以模拟外围设备行为，例如液压、气动元件，驱动元件等；NX MCD 提供基于设备的数字化模型运动仿真，并且实时与控制系统进行信号交换。这些工具使验证机器的机械概念，以及实现在工厂早期开发阶段机械系统、电气系统、软件和用户程序之间的交互。

图 4-120 所示为 HIL 虚拟设备通信过程。

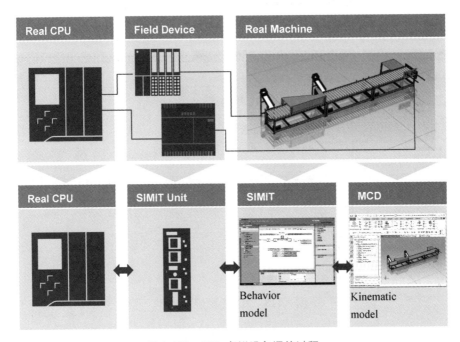

图 4-120　HIL 虚拟设备通信过程

要搭建这样一个硬件在环的虚拟调试平台，需要硬件 PLC、SIMIT、SIMIT Unit 和 MCD，所需要的软件安装在计算机或者虚拟机上。硬件 PLC 和 SIMIT Unit 之间通过 Profinet 通信；SIMIT 和 SIMIT Unit 通过 SIMIT Unit couping（TCP/IP）通信；SIMIT 和 MCD 通过 Share Memory coupling 进行通信，如图 4-121 所示。

博图项目组态图如图 4-122 所示。

运行这个案例，需要以下硬件和软件配置（表 4-9）。

表 4-9　硬件和软件配置数量

组　件	数　量	注　释
PLC1500	1	
STEP 7 Professional V15	1	V15 或者更高版本
SIMIT V10.0	1	V10.0 或者更高版本
Mechatronics Concept Designer V1899	1	V1899 或者更高版本

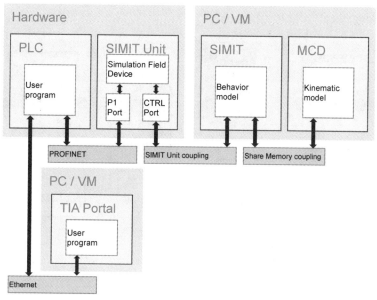

图 4-121　硬件在环的虚拟调试平台

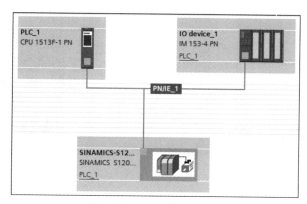

图 4-122　博图项目组态图

本案例硬件连接如图 4-123 所示。TIA Portal，SIMIT 和 MCD 可以在不同的计算机或者虚拟机（VM）上执行，但是 SIMIT 和 MCD 必须在同一台计算机或者虚拟机上运行。SIMIT Unit 和 PLC 通过 SIMIT Unit 上的 P_1 端口连接。运行 SIMIT 的计算机和 SIMIT Unit 通过 CTRL 端口连接。这里要特别注意，需要给 P_1 端口和 CTRL 端口设置不同的网络段。

动手操作——硬件在环虚拟调试（HIL）

（1）源文件　\chapter4_2_part。

（2）目标　了解硬件在环虚拟调试的概念和基本原理，熟悉硬件在环虚拟调试的配置过程，通过硬件在环虚拟调试验证自动化控制程序、外围设备的 IO 模拟和数字化样机的机械运动配合。

（3）具体操作步骤

博图中的配置

1）启动 TIA Portal。

2）恢复博图项目：单击"Project"→"Retrieve"按钮，选择项目"IndustrialMachine_

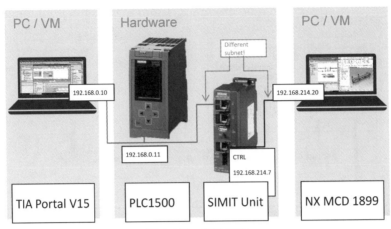

图 4-123 硬件连接

endTO_V15. zap15", 如图 4-124 所示。

3) 指定目标文件夹, 例如 "C:\Temp", 如图 4-125 所示。

图 4-124 博图项目菜单

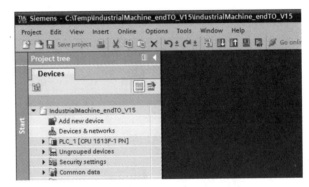

图 4-125 目标文件夹界面

4) 选择 "PLC_1", 右击在快捷菜单中选择 "Compile" (编译) → "Hardware (rebuild all)" [硬件 (重编译)], 如图 4-126 所示。

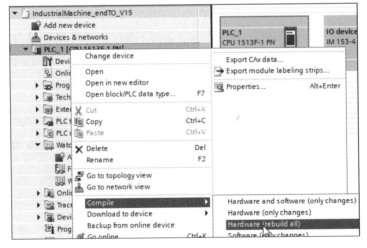

图 4-126 硬件 (重编译) 界面

5）OMS 文件生成在"C：\Users\Public\Documents\TIAExport\HwConfiguration\DOWN"中。

6）导出 PLC tags。打开名称为"PneumaticActuator"的信号表，导出至"C：\PLCTags.xlsx"，如图 4-127 所示。

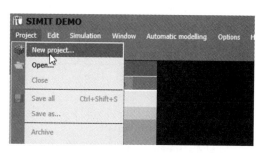

图 4-127　导出 PLC Tags 界面

SIMIT 中的配置

7）启动 SIMIT SP。如果没有 SIMIT license，也可以使用 SIMIT SP Demo。

8）单击"Project"→"New Project"按钮，输入"ProjectSiL"作为 Project 名称，如图 4-128 所示。

9）双击"Project manager"，在"Time slice 2［ms］"里输入 2，如图 4-129 所示。

图 4-128　新建项目界面

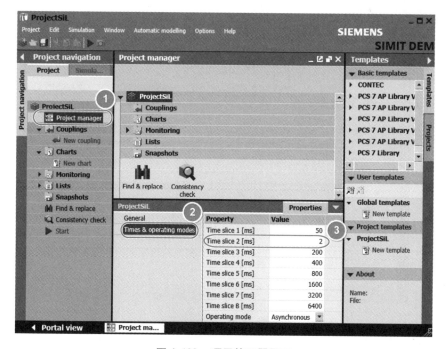

图 4-129　项目管理器界面

10）添加 PLCSIM Advanced coupling，并导入硬件配置。

① 添加 SIMIT Unit，双击 "New coupling"，单击 "SIMIT Unit"→"OK" 按钮，如图 4-130 所示。

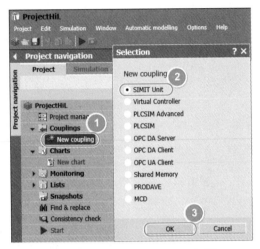

图 4-130　添加 SIMIT Unit 界面

② 导出 SIMIT Unit。

- 双击 Station
- 选择 "Hardware import"
- 在 OMS-Import 中选择文件夹 "C:\Users\Public\Documents\TIAExport\HwConfiguration\DOWN\IndustrialMachine_endTO_V15\S71500（057）ET200MP station_1\r00s001"
- 单击 "Import" 按钮，如图 4-131 所示

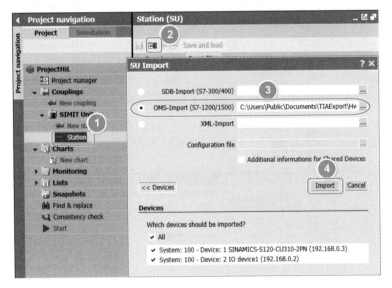

图 4-131　SU Import 界面

③ 导入 Symbol name，选择文件 "C:\PLCTags.xlsx"（步骤 6）中导出的文件），如图 4-132 所示。

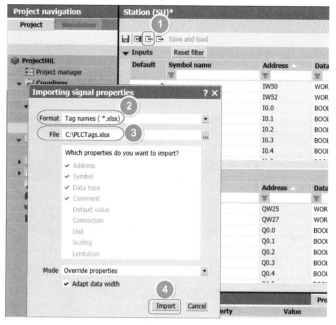

图 4-132 导入 Symbol name 界面

④ 设置 SU administration。

• 在 "SIMIT Unit" 节点右击, 在快捷菜单中选择 "SU administration", 如图 4-133 所示

• 为 SIMIT Unit 的 CTRL 端口指定 IP 地址, 例如: 192. 168. 214. 7, 如图 4-134 所示

图 4-133 SIMIT Unit 选项

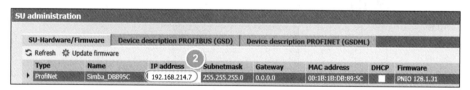

图 4-134 为端口指定 IP 地址

• 重启 SIMIT Unit

💡 注意:

如果在 SU administration 中没有显示 SIMIT Unit, 或者在执行了前面的步骤之后仍然显示 "Incorrect subnet?", 那么可以通过以下步骤来纠正这种情况:

• 确保安装 SIMIT 的计算机与 SIMIT Unit 的 CTRL 端口连接。
• 检查网络适配器的网络设置。
• 检查 SIMIT Unit 的固件。

如果 Windows 中有多张网卡处于活动状态, 则设置与 SIMIT Unit 的 CTRL 端口连接的网络连接为 "活动" 状态, 禁用其他所有网络连接。成功建立连接后, 可以重新激活其他网络连接。

⑤ 指定 SIMIT Unit IP。

● 双击"Station"

● 在 Station 树中选择"Profinet System"

● 打开 SIMIT Unit（IP）下拉列表，系统会自动搜索网络中活动的 SIMIT Unit，如图 4-135 所示

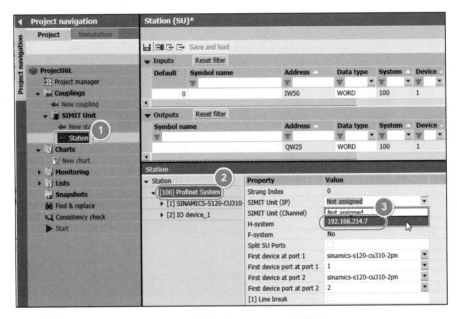

图 4-135　指定 SIMIT Unit IP 界面

⑥ 单击"Save and load"按钮，如图 4-136 所示。

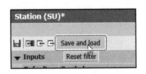

图 4-136　Save and load 界面

11）导出 MCD 信号。

① 在 MCD 中打开模型"_Production_Line. prt"。

② 单击"主页"功能区→"电气"工具栏→"导出信号"按钮，如图 4-137 所示。

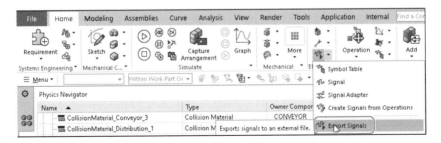

图 4-137　导出信号界面

③ 指定文件类型 SIMIT，然后指定文件路径，再单击"OK"按钮，如图 4-138 所示。

图 4-138 指定文件类型和路径

12）回到 SIMIT 中，添加 Shared Memory coupling 并导入信号

① 添加 Shared Memory coupling，双击"New coupling"，选择"Shared Memory"，单击"OK"按钮，如图 4-139 所示。

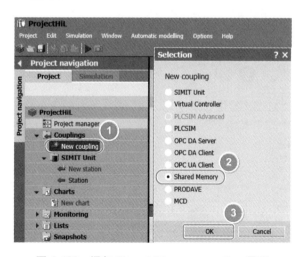

图 4-139 添加 Shared Memory coupling 界面

② 输入名称"SHM"，然后勾上"Signal description in head"，如图 4-140 所示。

③ 导入 MCD 信号，如图 4-141 所示。

④ 保存项目。（这一步做完必须保存，否则在下一步找不到 MCD 信号）

13）将报文映射到驱动器组件上。

14）添加 Chart。

① 双击 New Chart，如图 4-142 所示。

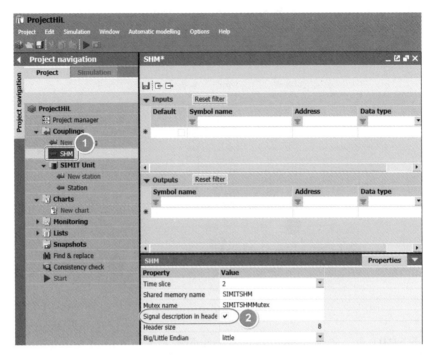

图 4-140　输入名称 SHM 界面

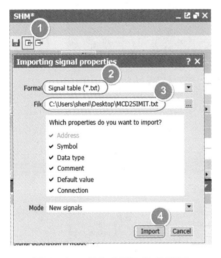

图 4-141　导入 MCD 信号界面

图 4-142　添加 Chart 界面

② 在右侧组件列表中，拖选 "PROFIdrive1" 到 Chart 中，如图 4-143 所示。

③ 打开右侧 "Signal" 页面，拖拽图 4-144 所示信号到 Chart 中。拖拽信号时要按住键盘的 Shift 键。

④ 在信号列表中找到 "NSoll" 和 "Nist"，同样拖拽到 Chart 中，然后在 Chart 中需要进行速度换算。因为 MCD 中得到的是传送带的速度，PLC 控制的是电动机转速，如图 4-145 所示。

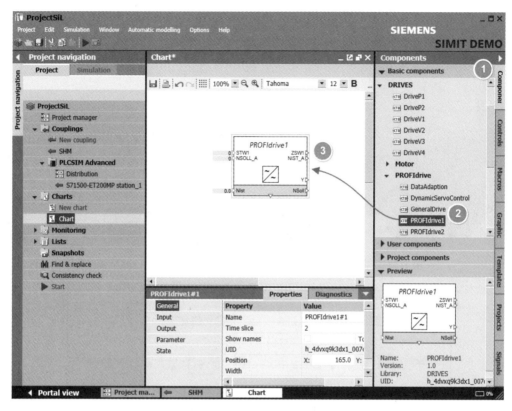

图 4-143　拖选操作界面

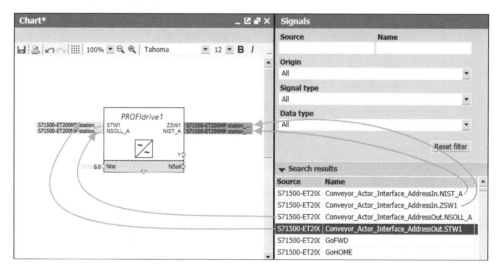

图 4-144　拖拽信号界面

⑤ 在组件列表中找到"乘法"和"除法"，拖拽到 Chart 中，如图 4-146 所示。

⑥ 在 Chart 中建立如图 4-147 所示连接。

⑦ 为了简化案例，只定义一个驱动器，然后将驱动器的计算结果设置到三个传送带上，如图 4-148 所示。

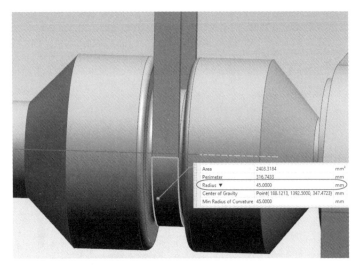

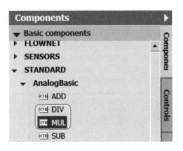

图 4-145　速度换算界面　　　　　图 4-146　乘法和除法拖拽界面

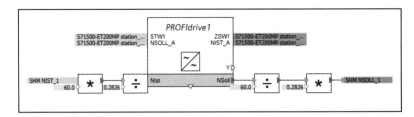

图 4-147　Chart 中建立连接界面

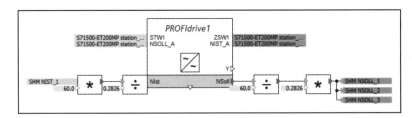

图 4-148　驱动器计算结果设置到传送带界面

⑧ 将剩下的传感器信号和阀控制信号连接起来。

- 在组件列表中找到 "BConnector"，如图 4-149 所示。
- 然后连接 MCD 信号和 PLC 信号，如图 4-150 所示。

⑨ 保存项目。

15）在 SIMIT 中单击 "播放" 按钮，如图 4-151 所示。

<u>NX MCD 中的配置</u>

16）回到 NX MCD。

17）单击 "主页" 功能区→"自动化" 工具栏→"外部信号配置" 按钮，打开 "外部信号配置" 对话框，如图 4-152 所示。

① 在 SHM 页单击 "添加新的 SHM" 按钮。

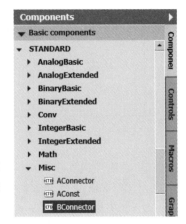

图 4-149　选择 BConnector

② 设置 SHM 名称为"SIMITSHM",如图 4-153 所示。

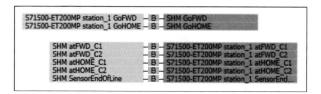

图 4-150　连接 MCD 信号与 PLC 信号界面

图 4-151　SIMIT 中"播放"界面

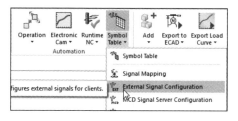

图 4-152　外部信号配置界面

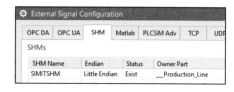

图 4-153　设置 SHM 名称界面

③ 选择添加的 SHM,SHM Date 如图 4-154 所示。

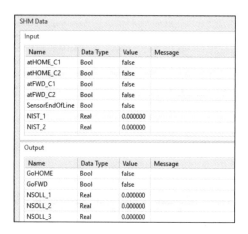

图 4-154　SHM Data 界面

④ 单击"确定"按钮。

18)打开"信号映射"对话框。

① 设置类型:SHM。

② 设置 SHM 名称为"SIMITSHM"。

③ 单击"执行自动映射"按钮,这时映射完成的信号被列在映射的信号表中,如图 4-155 所示。

④ 单击"OK"按钮。

19)创建好的信号映射显示在"机电导航器"中,如图 4-156 所示。

执行带驱动的虚拟调试

20)在博图中打开博图项目"C:\Temp\IndustrialMachine_endTO_V15\IndustrialMachine_endTO_V15. ap15"。

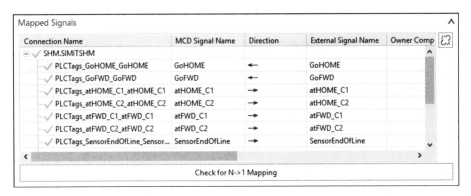

图 4-155　映射信号表

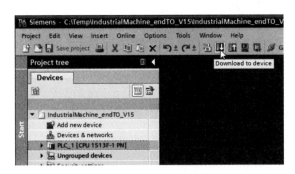

图 4-156　机电导航器

21）选择"PLC_1"，单击"Download to device"按钮，下载 PLC 程序至硬件 PLC，如图 4-157 所示。

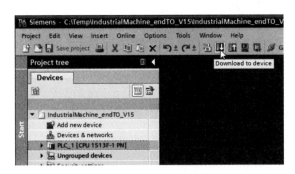

图 4-157　程序下载界面

22）下载完成后，启动 PLC instance。

23）在博图项目树中，双击"Watch table_1"，单击"Monitor all"按钮，并进行以下设置，如图 4-158 所示。

① "MC_POWER_DB". Enable = TRUE

② "MC_MOVEVELOCITY_DB". Execute = TRUE

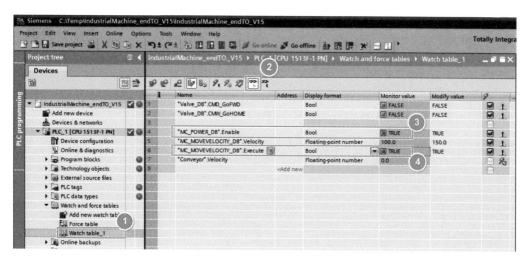

图 4-158　设备参数设置界面

24）单击"播放"按钮，启动 MCD 仿真。模型仿真开始，传送带开始工作并输送小方块，如图 4-159 所示。

图 4-159　仿真效果

第 5 章

案例展示

【内容提要】

本章重点介绍虚拟调试的实际综合应用案例。

【本章目标】

在本章中,将学习:
1) 传送技术展示生产线数字化双胞胎。
2) 加工单元数字化案例。
3) 机床样机数字化双胞胎。
4) 人机交互 LED 灯装配线案例。
5) 硫化机数字化双胞胎。

5.1 传送技术展示生产线数字化双胞胎

5.1.1 案例信息

2015 年上海工博会展出的 MCD 数字化双胞胎案例:传送技术展示数字化生产线。该案例是根据现有的实物操作系统改良而来的。原系统包含以下主要功能:

1) 实际传送系统由 14 条传送带组成,循环往复运送两种不同的产品,有 5 个 HMI 安装在不同的区域实现局部观测和运行参数修改。

2) 带有安全控制逻辑,安全门开启情况下,附近的传送带会自动停下来;关闭安全门,附近传送系统会自动恢复运行。

3) 支持自动和手动两种运行方式。

5.1.2 数字化双胞胎方案概述

该项目数字化双胞胎方案是在现有的 CAD 模型上创建 MCD 的数字化模型,连接到现有的 PLC 控制程序和 HMI 控制界面，进行传送技术展示生产线机械运动和自动化控制系统的联合调试和优化，确保传送带系统能准确地按照控制逻辑进行最佳交互模式运行。

该案例实现了两种方案的虚拟调试，一是 MCD 数字化模型 PLCSIM API 的通信方式连接到虚拟 PLC 进行虚拟调试；二是 MCD 数字化模型通过 OPC DA 通信协议连接到实物 PLC 1513 进行虚拟调试。

主要实施流程如下。

1）在 NX 平台导入 CAD 模型，并进行装配结构的整理和优化。

2）在 NX MCD 平台进行 MCD 数字化建模。

3）PLC 控制程序和 HMI 控制界面优化。

4）建立 MCD 数字化模型信号。

5）搭建虚拟测试环境，选择通信类型：PLCSIM API（方案一），OPC DA（方案二）。

6）建立 PLC + HMI 和 MCD 通信。

7）虚拟调试。

5.1.3 系统配置

方案一：全虚拟环境

该项目采用 TIAV14 SP1 进行 PLC 逻辑编程和 HMI 控制界面的编程；采用 PLCSIM Advanced V1.0 进行虚拟 PLC 的模拟仿真和 HMI 通信模拟仿真；采用基于 NX V12 MCD 进行数字化模型的显示和机械机构的仿真验证，如图 5-1 所示。

TIAV14 SP1
(PLC + HMI)

PLCSIM Adv V

MCD based on NX V12

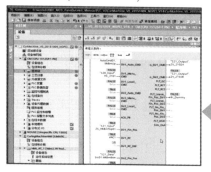  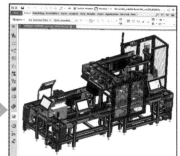

图 5-1　全虚拟环境

方案二：PLC 硬件 + 虚拟样机

该项目采用 TIA V14 SP1 进行 PLC 逻辑编程和 HMI 控制界面的编程；采用硬件 PLC1513 进行逻辑控制，触摸屏进行可视化管理控制；采用基于 NX V12 MCD 进行数字化模型的显示和机械机构的仿真验证；PLC1513 和 MCD 通过 OPC DA 的通信协议进行信号连接，如图 5-2 所示。

生产线数字
化双胞胎

5.1.4 操作视频

操作视频在教学资源包：\chapter5\Conveyor_PLCSIM. mp4 中观看。

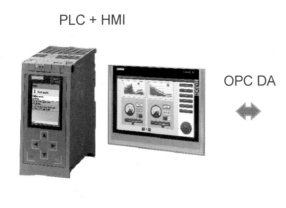
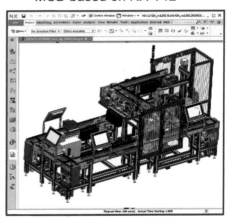

图 5-2　PLC 硬件 + 虚拟样机

5.2　加工单元数字化案例

5.2.1　案例信息

结合工厂自动化生产的加工环节，在 MCD 平台组成一个综合的小型加工单元，以展示传送带的控制，机器人搬运与调用现有机床库模型，重用机床 Machine Tool Builder（MTB）定义，以及 MCD-CAM 机床加工程序的联合仿真和验证。

5.2.2　数字化双胞胎方案概述

该项目数字化双胞胎方案是在现有的 CAD 模型上创建 MCD 的数字化模型，并且建立 PLC 控制程序和 HMI 控制界面。该方案分为三个部分：

1）传送系统：在 MCD 中实现进料和出料的仿真效果，并通过 PLC 控制逻辑实现自动上料和自动停止。

2）机器人搬运：在 MCD 环境下，根据机器人的装配位置，工件的拾取、夹装位置和移除位置，采集机器人各工作点坐标位置；通过 TIA V14 中的运动学工艺对象结合机器人工作点位坐标进行机器人的轨迹编程。

3）机床加工：重用 MTB 机床的定义，生成 MCD 运动对象；并通过 MCD 内置的 NC 程序仿真器进行加工程序的仿真验证。

主要实施流程如下。

1）在 NX 平台导入 CAD 模型，并进行装配结构的整理和优化。

2）在 NX MCD 平台进行 MCD 数字化建模。

① 传送系统的建立，如图 5-3 所示。

② 导入 MTB 机床的定义，包括运动部件、运动类型以及运动范围限制，如图 5-4 所示。

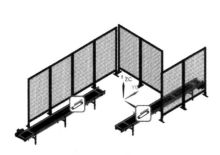

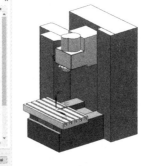

图 5-3　传送系统　　　　　　　　　　图 5-4　导入 MTB 机床的定义

③ 机床 NC 程序的模拟，如图 5-5 所示。

④ 机器人运动系统的建立，如图 5-6 所示。

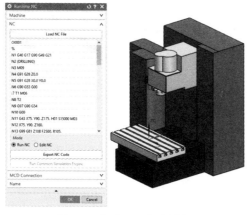

图 5-5　机床 NC 程序模拟　　　　　　图 5-6　机器人运动系统

⑤ 传送系统、机床、机器人的联合运动，其仿真序列如图 5-7 所示。

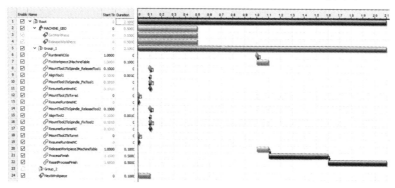

图 5-7　联合运动仿真序列

3）PLC 控制程序和 HMI 控制界面的编程和优化。

4）建立 MCD 数字化模型信号。

5）搭建虚拟测试环境，选择通信类型：PLCSIM API。

6）建立 PLC + HMI 和 MCD 通信。

7）虚拟调试。

5.2.3 系统配置

该项目系统配置如图 5-8 所示，采用 TIAV14 SP1 进行 PLC 逻辑编程、机器人运动轨迹的编程和 HMI 控制界面的编程；采用 PLCSIM Advanced V2.0 进行虚拟 PLC 的模拟仿真和 HMI 通信的模拟仿真；采用基于 NX V12 MCD 进行数字化模型的显示和机械机构的仿真验证。

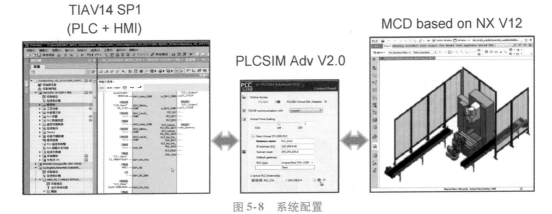

图 5-8　系统配置

5.2.4 操作视频

操作视频在教学资源包：\chapter5\MCD_CSE_Robot_PLC_control. mp4 中观看。

5.3　机床样机数字化双胞胎

5.3.1 案例信息

结合机床控制器的调试环境，使用数字化机床模型代替真实机床。通过虚拟调试将最大化节省现场施工调试时间，分析和优化程序以获得高质量的生产过程。

5.3.2 数字化双胞胎方案概述

该项目数字化双胞胎方案是在现有的 CAD 模型上创建 MCD 的数字化模型，建立控制模型的状态信号，通过 Profinet 通信协议与 840D sl 控制器连接，进行数字化机床的机械运动和机床控制系统的联合调试和优化，确保机床结构设计、行程设计和控制程序的正确性。

主要实施流程如下。

1）在 NX 平台导入 CAD 模型，并进行装配结构的整理和优化。

2）在 NX MCD 平台进行 MCD 数字化建模。

3）840D sl 控制程序的编程和优化。

4）建立 MCD 数字化模型信号。

5）搭建虚拟测试环境，选择通信类型：Profinet。

6）建立 840D sl 控制器和 MCD 通信。

7）虚拟调试。

5.3.3　系统配置

该项目系统配置如图 5-9 所示，采用 Step7 进行 840D sl 逻辑编程，虚拟调试 IO 信号点的采集和输入控制；采用基于 NX V12 MCD 进行数字化模型的显示和机械机构的仿真验证；通过 Prifinet 通信协议连接 MCD 和 840D sl。

840D sl　　　　　　　　MCD based on NX V12

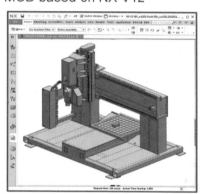

Profinet

图 5-9　系统配置

5.3.4　操作视频

操作视频在教学资源包：\chapter5\HMI840D. avi 中观看。

5.4　人机交互 LED 灯组装配线案例

5.4.1　案例信息

传统 LED 灯装配线上各装配工序都是由人工完成。为减少人工成本，提高效率，提升产品良品率，对易于实施自动化的装配工序交由机器来完成。在工厂实施方案前，在虚拟环境中进行模拟仿真，验证方案的可实施性，并通过虚拟调试优化方案。

5.4.2　数字化双胞胎方案概述

这个案例是在 MCD 平台上实现的一个人机交互装配系统。MCD 虚拟调试除了能够连接到 PLC、机床控制器等，还可以连接到其他设备，例如这个案例中 MCD 和穿戴设备的信号收集器进行信号交流。这个系统是验证机械手取代人工进行 LED 灯组装配。其中一个穿电线工位由人工完成，其他工序都是由 MCD 数字化模型的机械手完成。外部人工信号通过 MCD 的 Runtime Behavior Code 程序传递给 MCD。整合系统实现了人机交互的小型装配系统虚拟调试。

主要实施流程如下。

1）在 NX 平台导入 CAD 模型，并进行装配结构的整理和优化。

2）在 NX MCD 平台进行 MCD 数字化建模。

3）建立 MCD 数字化模型信号。

4）搭建虚拟测试环境，采用 Runtime Behavior Code 进行编程扩展 MCD 与外部系统的接口。

5）建立穿戴设备与 MCD 的信号连接。

6）虚拟调试。

5.4.3 系统配置

该项目系统配置如图 5-10 所示，采用 Visual Studio2015 进行 Runtime Behavior Code 编程，从穿戴传感器采集人体动作，然后作用到 MCD 中的人体模型上；采用基于 NX V12 MCD 进行数字化模型的显示和机械机构的仿真验证。

穿戴传感器   MCD based on NX V12

Runtime Behavior Code

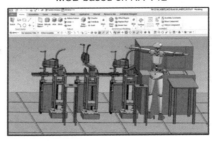

人机交互 LED 灯
组装配线案例

图 5-10　系统配置

5.4.4 操作视频

操作视频在教学资源包：\chapter5\AssemblyLine.mp4 中观看。

5.5 硫化机数字化双胞胎

5.5.1 案例信息

该数字化案例是基于现有使用的带有洛克威尔控制系统的硫化机改良而成，如图 5-11 所示。

5.5.2 数字化双胞胎方案概述

该项目数字化双胞胎方案是在传统的 CAD 模型上创建 MCD 的数字化模型，连接到现有的 PLC 控制程序和 HMI 控制界面，进行硫化机机械运动和自动化控制系统的联合调试和优化，确保控制系统和数字化硫化机之间按照设计进行最佳交互模式运行。

主要实施流程如下。

1）在 NX 平台导入 CAD 模型，并进行装配结构的整理和优化。

2）在 NX MCD 平台进行 MCD 数字化建模。

图 5-11　硫化机数字化双胞胎

3）PLC 控制程序和 HMI 控制界面优化。

4）建立 MCD 数字化模型信号。

5）搭建虚拟测试环境。

6）建立 PLC + HMI 和 MCD 通信。

7）虚拟调试。

5.5.3　系统配置

该项目系统配置如图 5-12 所示，采用 TIAV14 SP1 进行 PLC 逻辑编程和 HMI 控制界面的编程；采用 PLCSIM Advanced V2.0 进行虚拟 PLC 的模拟仿真和 HMI 通信模拟仿真；采用基于 NX V12 MCD 进行数字化模型的显示和机械机构的仿真验证。

TIAV14 SP1
(PLC + HMI)

PLCSIM Adv V2.0

MCD based on NX V12

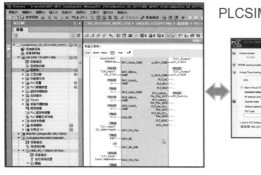

图 5-12　系统配置

5.5.4　客户价值

通过虚拟调试为用户带来的益处：

1）节省整体机器设计的成本和时间。

硫化机数字化双胞胎

2）在计算机上进行概念验证（不需要接近真实的机器）。

3）减少调试时间和现场风险。

4）提高机器质量、可靠性和生产率。

5）减少机器开发和交付的时间。

5.5.5 操作视频

操作视频在教学资源包：\chapter5\Mesnac_CuringProcess. mp4 中观看。

5.6 质量检测机数字化双胞胎

5.6.1 案例信息

该数字化案例是基于现有使用的质量检测机改良而来。如图 5-13 所示，该质量检测机的主要功能是检查空瓶是否有裂缝、孔洞。如果机器检测到空瓶有质量问题，瓶子就会被传送带送到质量不合格的产品箱中。机器通常放置在整个装瓶生产线上，用来处理不同批次、高度、大小不一样的瓶子。

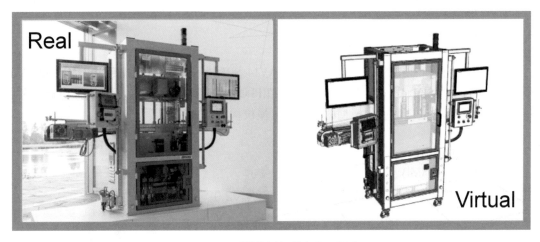

图 5-13　质量检测机数字化双胞胎

5.6.2 数字化双胞胎方案概述

该项目数字化双胞胎方案是在传统的 CAD 模型上创建 MCD 的数字化模型，连接到编写的 PLC 控制程序和 HMI 控制界面，进行质量检测机机械运动和自动化控制系统的联合调试和优化，确保控制系统和质量检测机之间按照设计进行最佳交互模式运行。

主要实施流程如下。

1）在 NX 平台导入 CAD 模型，并进行装配结构的整理和优化。

2）在 NX MCD 平台进行 MCD 数字化建模。

3）根据 MCD 运动模拟效果，进行控制方案的选择。

4）导出运动时序，进行控制方案的编程。

5）PLC 控制程序和 HMI 控制界面优化。

6）建立 MCD 数字化模型信号。

7）搭建虚拟测试环境。

8）建立 PLC + HMI 和 MCD 通信。

9）虚拟调试。

5.6.3 系统配置

该项目系统配置如图 5-14 所示，采用 TIAV14 SP1 进行 PLC 逻辑编程和 HMI 控制界面的编程；采用 PLCSIM Advanced V1.0 进行虚拟 PLC 的模拟仿真和 HMI 通信模拟仿真；采用基于 NX V12 MCD 进行数字化模型的显示和机械机构的仿真验证。

TIAV14 SP1
(PLC + HMI)

PLCSIM Adv V1.0

MCD based on NX V12

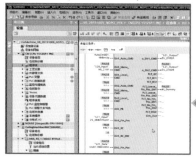

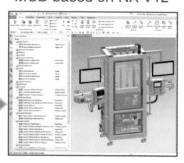

图 5-14 系统配置

5.6.4 客户价值

通过虚拟调试为客户带来的益处：

1）节省整体机器设计的成本和时间。

2）在计算机上进行概念验证（不需要接近真实的机器）。

3）减少调试时间和现场风险。

4）提高机器质量、可靠性和生产率。

5）减少机器开发和交付的时间。

5.6.5 操作视频

操作视频在教学资源包：\chapter5\TestingMachine. mp4 中观看。